"十二五"国家重点图书出版规划项目

有色金属文库

# 峨眉山大火成岩省的地壳结构特征及其动力学意义

Crustal structure and its dynamic significance of
the Emeishan Large Ingeous Province

郭希　张智　陈赟　王敏玲　徐涛　**著**

中南大学出版社
www.csupress.com.cn

·长沙·

# 内容简介 / Introduction

　　大火成岩省是国际地学界的研究热点，涉及地球内部运行机制和过程、资源和生物环境效应等多个地学前沿领域。峨眉山大火成岩省是我国境内最早获得国际学术界广泛认可的大火成岩省，也是全球范围内研究程度较高的大陆溢流玄武岩省之一。本书在综述与峨眉山大火成岩省的形成和演化相关的科学问题的基础上，详细阐述了峨眉山大火成岩省的地质背景和地球物理研究进展，以及环境噪声面波成像和接收函数基本原理与方法；并着重从横波速度结构的角度，以上述两种方法作为技术手段，分别从二维剖面和三维立体结构两个层次，重建峨眉山大火成岩省地壳精细结构。本书成果对于全面认识古老地质事件大规模岩浆作用的地球物理响应特征、深部过程效应等具有重要的科学意义。

　　本书包含环境噪声成像、接收函数等方法的应用实例，可供地球深部结构成像相关领域的研究人员参考使用，同时，也可作为高等院校相关专业的教师、研究生和高年级本科生的教学参考用书。

# 作者简介 /

About the Author

**郭希** 女，博士，桂林理工大学讲师。2017 年毕业于中国科学院地质与地球物理研究所，获固体地球物理学专业博士学位，主要从事地球壳幔结构、环境噪声面波和接收函数成像研究。近年来，主持广西自然科学基金项目 1 项，广西科技基地和人才专项 1 项，广西高校中青年教师基础能力提升项目 1 项。在国内外学术刊物发表论文 10 余篇，其中被 SCI 收录 3 篇。

**张智** 男，博士，桂林理工大学教授、博士生导师，桂林地球物理学会理事。主要从事深部地球物理场正反演研究、地球壳幔精细结构地震层析成像、高信噪比和高分辨率地震资料处理技术等研究。近年来，先后主持国家自然科学基金项目 4 项，省部级基金项目 3 项。在国内外学术刊物发表论文 30 余篇，其中被 SCI 收录 10 余篇。

**陈赟** 男，博士，中国科学院地质与地球物理研究所副研究员，兼任中国地球物理学会中国大陆动力学专业委员会副秘书长。主要研究领域为地球壳幔结构成像与动力学，在青藏高原壳幔结构探测与成像、古老重大地质事件岩浆作用的地球物理探测与深部过程重建、板块俯冲与深源地震成因等方面取得了重要进展。近年来，先后主持国家自然科学基金项目 3 项，国家 973 计划课题 1 项，国家重点研发计划课题/子课题 1 项，中国科学院战略性先导科技专项（B 类）子课题 1 项，中国科学院青年人才领域前沿项目 1 项。曾获第八届青藏高原青年科技奖(2011 年)、中国地质学会"2010 年度十大地质科技进展"(2011 年)、"2015 年度十大地质科技进展"(2016 年)、教育部"高等学校科学研究优秀成果奖(自然科学奖)"二等奖(2009年)等科技奖励。在国内外学术刊物发表论文 60 余篇(含 SCI论文 50 篇),SCI 引用近 2000 次,多篇论文入选 ESI 全球TOP1%高引论文目录。

# 前言

Foreword

大火成岩省是国际地学界的研究热点，涉及地球内部运行机制和过程、资源和生物环境效应等多个地学前沿领域。位于我国西南滇－川－黔地区，以地表出露大面积二叠纪玄武岩为特征的峨眉山大火成岩省，是我国境内最早获得国际学术界广泛认可的大火成岩省，也是全球范围内研究程度较高的大陆溢流玄武岩省之一。地质学家基于沉积地层学、岩石地球化学等系列证据将峨眉山大火成岩省划分为内带、中带和外带，并提出了内带"地幔柱头熔融"成因模型。深部是否存在"地幔柱头熔融"模型所预示的大规模岩浆作用"遗迹"，有待地球物理探测结果的进一步检验或约束。此外，峨眉山大火成岩省位于青藏高原、扬子克拉通和印支块体的交汇和过渡部位，它既是开展大火成岩省研究的理想窗口，也是研究青藏高原东南缘不同块体相互作用和深部物质运动方式的关键地带。地球的外层固化层圈，尤其是地壳，其属性和结构既是各种深浅构造活动发生的物质基础，也是各种复杂物理化学过程作用的结果。不同地质历史时期发生的每一次重大地质事件，都会以组分和结构改造的方式在地壳中留下"印记"。因此，探测大火成岩省的地壳结构，揭示其深部构造与动力学特征，为古老重大地质事件"遗迹"的系统识别提供地球物理属性制约，是探索大火成岩省成因和大陆动力学过程的必然途径。本书在综述与峨眉山大火成岩省形成和演化相关的科学问题的基础上，开展二维关键剖面的接收函数与环境噪声面波频散联合反演，以及基于环境噪声的三维横波速度结构研究，重建了峨眉山大火成岩省地壳精细速度结构，不仅对全面认识古老重大地质事件的地球物理响应特征具有重要意义，而且对探讨古老重大地质事件大规模岩浆作用对于地壳性质的改造及其对现今地球深部过程的影响也具有重要的科学价值。

全书分为 7 章：第 1 章主要介绍峨眉山大火成岩省及邻区的地质背景，回顾了峨眉山大火成岩省地球物理研究的主要进展；第 2 章介绍环境噪声面波成像的基本理论，包括面波的基本特征、环境噪声成像的发展历史、经验格林函数提取的原理和方法、面波频散及其测量方法以及面波层析成像的基本原理；第 3 章简要介绍接收函数的基本理论，包括接收函数的发展历史、接收函数提取的原理和方法、接收函数反演及其与面波频散联合反演的基本原理；第 4 章详细论述了峨眉山大火成岩省二维地壳速度结构研究，包括环境噪声面波和接收函数资料分析、数据处理，两套数据的匹配和联合反演，以及二维剖面的横波速度结构特征分析；第 5 章主要论述了峨眉山大火成岩省三维地壳速度结构研究，包括环境噪声资料分析、数据处理，面波层析成像及其结果的系统检验和评价，以及三维横波速度结构反演及其结果的特征分析；第 6 章基于重建的二维和三维速度结构特征，讨论了古地幔柱作用"遗迹"的地球物理特征响应和峨眉山大火成岩省对青藏高原东南缘现今深部过程的影响；第 7 章简要总结本书所取得的主要结论与认识，并对研究中仍存在的不足和值得关注的科学问题提出了下一步工作设想。

本书的研究工作是在国家 973 计划课题"地幔柱活动区壳幔精细结构及其深部制约"(2011CB808904)的支持下开展的，同时也得到了广西科技计划项目(桂科 AD19110057、2018GXNSFBA050005、2018GXNSFAA138059、2016GXNSFBA380215、2016GXNSFBA380082)、国家自然科学基金项目(41974048、41604039、41604102)、广西高校中青年教师基础能力提升项目(2019KY0264)和广西有色金属隐伏矿床勘查及材料开发协同创新中心的联合资助。

在本书即将出版之际，衷心感谢多年来一直给予关心和支持的同事、朋友及学术同仁。中国科学院地质与地球物理研究所田小波研究员、白志明副研究员、梁晓峰副研究员、张晰副研究员、陈林副研究员对本书提出了许多宝贵的建议。感谢云南大学胡家富教授、国家数字测震台网数据备份中心在地震数据方面提供的支持和帮助。

最后，感谢中南大学出版社编辑们的辛勤劳动！

本书源于科学研究，尽管经过数次的修改与讨论，但在内容的取舍上难免受个人理解的限制，也难免有不妥之处，敬请读者批评指正。

# 目录 / Contents

# 第 1 章 绪 论

## 1.1 研究目的和意义

大火成岩省（large igneous province，LIPs）是指以短时间（一般小于几个百万年）、巨量喷发（覆盖面积通常大于 $10^5$ km²）为特征的富镁铁质喷出岩和侵入岩所构成的大规模岩浆岩建造[1, 2]。一般认为，如此短时的巨量基性岩浆喷发与"地幔柱"作用有关[3, 4]。

大火成岩省作为地球上目前已知的最大规模火山作用产物，它的形成所涉及的"地幔柱"这一特殊的深部动力过程，是地球内部各圈层进行能量和物质交换的重要形式。地幔热柱的上升，一方面导致地表穹窿、岩石圈拉伸与裂解、洋中脊等一系列岩石圈构造的形成，进而对地球浅表系统产生影响；另一方面，它所携带的大量热液和成矿元素在运移进程中经历物理–化学过程，在一定环境下分异聚集形成热液型矿床[6]。大火成岩省大规模的快速火山喷发导致大气圈的成分发生改变，从而影响生物圈的演化，甚至成为生物灭绝事件的诱因[6]。因此，大火成岩省不仅涉及地球内部运行机制和过程，而且涉及成矿作用和生物环境效应等多个地学前沿研究领域，一直是国际地学界的研究热点[6-10]。

地球的外层固化层圈——岩石圈（包括地壳和岩石圈地幔），是记录地球演化历史的天然"档案馆"。尤其是地壳，尽管其在整个地球体积占比中显得微乎其微，但记录地球演化信息的能力却超过其他任何圈层[11]。在地球漫长的演化历史中，不同地质历史时期发生的每一次重大地质事件，都会以组分和结构改造的方式，在地壳中留下自己的"印记"，大火成岩省也不例外[12]。因此，重建地球壳幔精细结构和属性特征，对于认识和理解大火成岩省的形成与深浅响应过程等，均具有重要的科学意义。

地震波是地球介质信息的主要载体，事实上，迄今为止，关于地球内部圈层的许多重大认识都来源于地震波。地震学方法是利用地震波研究地球介质结构和属性的重要手段，面波成像和接收函数是地震学领域用于重建地球壳幔结构的基本方法。从环境噪声中提取面波信号的方法，具有对介质横波速度变化敏感、垂向分辨高的优点，目前已经成为重建高分辨率地壳结构的主流方法之一。接收函数具有对界面敏感、横向分辨高的优点，与面波相互结合具有提高壳幔结构重建精度和可靠性的天然优势[13-15]。

在我国西南滇—川—黔地区，地表出露大面积二叠纪玄武岩，地质上命名为峨眉山大火成岩省（Emeishan large igneous province，简称 ELIP）。它不仅是我国境内第一个获得国际学术界广泛认可的大火成岩省[16]，也是全球范围内研究程度较高的大陆溢流玄武岩省之一[5]。本书从横波速度结构的角度，以环境噪声面波成像和接收函数方法为技术手段，分别从二维剖面和三维立体结构两个层次，重建峨眉山大火成岩省地壳精细结构，进而确定与古地幔柱作用有关的岩浆"底侵"的具体位置和规模，探讨大规模岩浆作用对地壳性质的改造和对现今深部过程的影响，这对于全面认识古老地质事件大规模岩浆作用的地球物理响应特征、深部过程效应等，具有重要的科学意义。

# 1.2 研究现状及进展

## 1.2.1 峨眉山大火成岩省地质背景

（1）峨眉山大火成岩省

峨眉山大火成岩省位于扬子克拉通的西缘，哀牢山—红河断裂为其西界，龙门山—小金河断裂为其西北边界，呈长轴近南北向的菱形展布，出露面积约 $2.5 \times 10^5$ km$^2$，主要由大陆溢流玄武岩和共生的镁铁质-超镁铁质层状侵入体组成[17-23]。峨眉山大火成岩省喷发于二叠—三叠纪之交（约 259 Ma）[24, 25]，与地球历史中最大规模的海平面下降、地球磁场 Illawarra 反转等全球变化事件，以及双生物灭绝等生物灾变事件存在时间上的耦合关系[26-36]。峨眉山玄武岩的下伏岩层——晚中二叠纪茅口组灰岩，在我国华南地区广泛发育，且保存相对完整[19, 21, 35, 37]，区内矿产资源丰富，赋存攀枝花钒钛磁铁矿床、铜镍硫化物矿床等世界级大型矿床[38-40]，为开展古生物地层学、沉积地层学、岩石地球化学、矿床地球化学等多学科研究提供了绝佳条件，因而成为开展大火成岩省相关研究的理想地区。

"地幔柱"假说认为，地球内部存在最终起源于地球核—幔边界的、缓慢上升的细长柱状热物质流，即地幔柱（mantle plume）。热物质流上升过程中，经过地幔到达冷的岩石圈底部时，其顶部呈喇叭状张开，从而形成一个具有巨大球状顶冠和狭长尾柱的热幔柱构造，热幔柱巨大的球状顶冠与上覆板块相互作用，可引起岩石圈伸展减薄、地壳上隆和大规模溢流玄武岩火山作用，形成大陆或大洋溢流玄武岩省；而热幔柱狭长的尾柱与运动的上覆板块相互作用，形成系列热点或火山链[4, 41-50]。

峨眉山大火成岩省的地幔柱成因，包括来自沉积学、岩石学、地球化学等多个方面的证据支持：①峨眉山玄武岩下伏的扬子西缘茅口组灰岩存在差异剥蚀，并论证了峨眉山玄武岩在喷发前发生了上千米的地壳快速抬升和穹状隆起[21]。根据差异剥蚀程度将峨眉山大火成岩省划分为内带、中带和外带,如图 1.1(a)所示。内带为一直径约 400 km 的圆形区域,包括云南西部(大理)和四川南部(延边、米易);中带为宽度约 300 km 的弧形环带,包括云南东部(昆明、会东、巧家)和四川西南部。②初始岩浆的超高温特征。前人通过对苦橄岩的橄榄石反演得到初始岩浆温度在 1590~1700℃分布[17, 51, 52]。③两类含 Ti 玄武岩在空间上呈现规律性分布[18, 19]。④峨眉山玄武岩中的辉绿岩岩墙群以永仁一带为中心呈放射状分布[53]。因此,峨眉山大火成岩省的地幔柱成因获得学界广泛认同,并提出了内带下方的"地幔柱头熔融"模型[18, 19, 21, 24],如图 1.1(b)所示。根据"地幔柱头熔融"模式所预示的大规模岩浆作用,探究深部是否存在地幔柱作用的"遗迹",包括岩浆作用的具体位置和规模、组分特征与来源、深浅响应过程等,均有待深部地球物理探测结果的检验或约束[1, 20, 54, 55]。

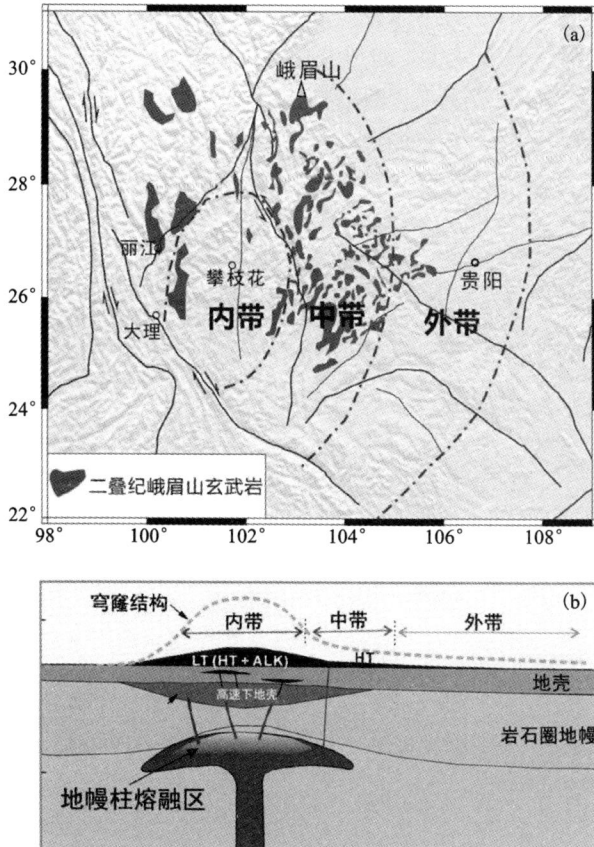

**图 1.1 峨眉山大火成岩省分区特征与"地幔柱熔融"成因模型[12]**

(a)二叠纪峨眉山玄武岩分布;(b)"地幔柱熔融"模型(修改自[19])。

自中、新生代以来，峨眉山大火成岩省经历了印支期、燕山期和喜山期等多期次构造运动。尤其是新生代以来，印度和欧亚大陆碰撞挤压以及印度大陆持续向北俯冲，峨眉山大火成岩省受到青藏高原物质侧向流动以及喜马拉雅东构造结的北东向顶点楔入的共同作用[56,57]。复杂的构造演化历史使其遭受了强烈的变形和破坏，从而掩盖了部分原有的玄武岩分布特征[16,17]。前人研究发现，在云南思茅盆地、越南北部和松潘—甘孜块体出露的二叠纪玄武岩，可能是峨眉山大火成岩省经历多期构造运动所分离出的外延部分[20,58]，其中云南西南部和越南北部发现的二叠纪玄武岩，有可能与印支板块沿哀牢山—红河断裂带的大规模侧向挤出有关[23,59,60]。

（2）主要构造单元

本书的研究区域（21°N—34°N，97°E—108°E）位于青藏高原东南缘，包括峨眉山大火成岩省及其邻区，区内新构造活动强烈。根据活动断裂分布[61-63]、构造活动性和GPS资料揭示的块体以活动断裂为边界的水平向差异运动等特点[64]，将研究区分为松潘—甘孜块体、四川盆地、川滇菱形块体、印支块体和滇东块体5个构造单元，如图1.2所示（彩图请扫描二维码）。

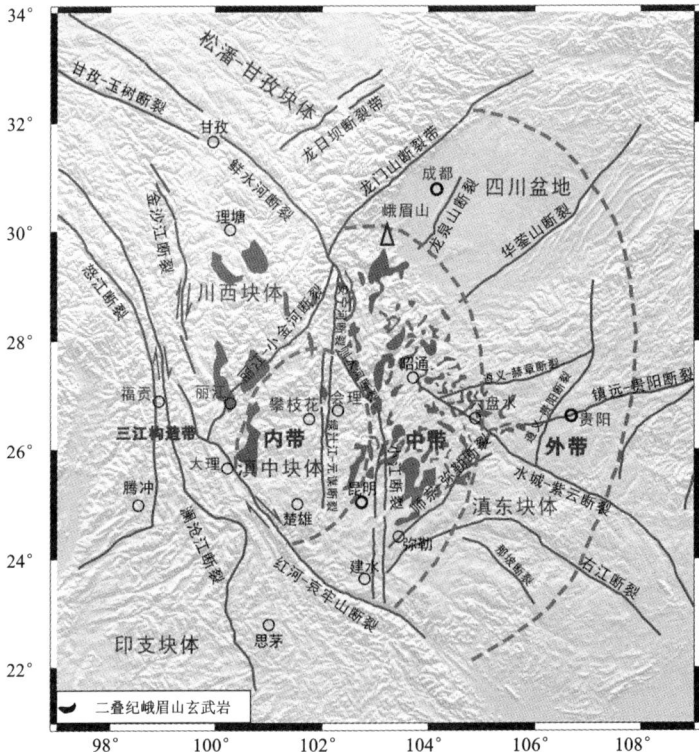

图1.2 峨眉山大火成岩省及邻区大地构造格局和主要活动断裂分布图

其中,川滇菱形块体位于研究区中部,其周缘由一系列具有深部构造背景的大型活动断裂所分割和围限[65],以近南北向的金沙江断裂和北西向的红河断裂构成西边界,以鲜水河—安宁河—则木河—小江断裂带构成东边界。川滇菱形块体是代表性的活动地块,表现为块体具有相对统一的运动方式,且边界构造活动强烈。川滇活动地块也是我国地震活动最强烈的区域之一,自 1700 年以来块体内部及周边发生超过 30 次 6.7 级以上地震[65]。GPS 速度场显示从北部的鲜水河一带运动方向为 SE120°,向南部的昆明一带转变为 SE165°,反映出川滇菱形块体整体沿南东方向运动和顺时针旋转的特征[65]。此外,由于受到北东向的丽江—小金河断裂切割,川滇菱形块体可进一步划分为两个次级块体,分别为北侧的川西次级块体和南侧的滇中次级块体[57]。GPS 观测表明,川西次级块体和滇中次级块体的东向水平运动速率分别约为 9 mm/a 和 5 mm/a,南向分量约为 13 mm/a 和 11 mm/a[66]。徐锡伟等[67]研究发现两个次级块体向 SE 方向的滑移速率存在 2 mm/a 的量值差异,丽江—小金河断裂吸收这种 SE 向滑移分量并转换成两个次级块体之间的差异升降运动。峨眉山大火成岩省的内带正好位于滇中次级块体所在位置。

(3)主要区域断裂

研究区内以走滑型断裂为主,包括哀牢山—红河断裂、小江断裂、鲜水河断裂、龙门山断裂带、丽江—小金河断裂、安宁河断裂、绿汁江—元谋断裂、水城—紫云断裂等。

哀牢山—红河断裂:近北西—南东走向,是川滇菱形块体的西南边界。研究表明,其早期的左旋走滑运动发生在新生代印度与欧亚大陆的汇聚过程中[68]。虽然 GPS 观测结果揭示出哀牢山—红河断裂现今以右旋走滑为主,但其本身右旋走滑速率较低,主要以沿楚雄—建水断裂、红河断裂和澜沧—耿马断裂形成的右旋剪切带共同发生[65]。

小江断裂:为近南北向展布的大型活动断裂,具有强烈的左旋走滑特征[65]。作为川滇菱形块体的东边界,其几何形态复杂,且地震活动频繁。小江断裂南段与北西走向的哀牢山—红河断裂和曲江断裂相互交汇,构成了一个特殊而复杂的楔形断块构造[69, 70]。

鲜水河断裂:近北西—南东走向,是新生代活动的左旋走滑断裂[71],向东南延伸与安宁河—则木河—小江断裂带相接,共同组成一条大型左旋走滑活动断裂带。沿鲜水河断裂分布晚新生代同构造花岗岩体,花岗岩体侵入被认为与断裂带的剪切变形同时期发生[72, 73]。该断裂分割北部的松潘—甘孜块体和南部的羌塘块体。

龙门山断裂带:近北东—南西走向,为青藏高原和扬子克拉通之间的构造分界断裂。中新生代期间以逆冲和走滑作用交替发育为特征,而晚新生代以走滑作用为主,逆冲作用很小[65,74]。

丽江—小金河断裂:近北东—南西走向,是川滇菱形块体内部在中新生代龙门山逆冲推覆带南西段基础上形成的一条活动断裂带,晚第四纪以高角度左旋走滑运动为主要特征,兼具逆冲分量[75,76]。

安宁河断裂:近南北走向,以左旋走滑运动为主,兼具东西向挤压分量,是青藏高原与华南板块的边界断裂之一[77,78]。

绿汁江—元谋断裂:为南北走向的陡角度正断层,晚第四纪以来为左旋走滑并兼挤压逆冲性质[79]。地震探测结果表明该断裂为切割地壳的深断裂[80]。

水城—紫云断裂:位于贵州水城—紫云一带,是水城—紫云裂陷槽盆的边界断裂。水城—紫云裂陷槽盆是古生代发育的一个被动大陆边缘裂陷槽盆,其形成演化受控于峨眉山古地幔柱事件,经历了隆起剥蚀、地壳拉伸减薄、断裂沉陷和地幔柱作用四个阶段[81]。

(4)新生代构造演化

新生代约45Ma以来印度板块和欧亚板块持续的碰撞、挤压形成了世界上最宏伟的青藏高原[82]。板块运动和古地磁学证据表明,至少1400 km的南北向缩短量被青藏高原所吸收,造成高原内部南北向的缩短增厚以及深部物质在差应力作用下发生侧向挤出,青藏高原随时间推移不断向东、北东和南东方向扩展[82,83]。作为青藏高原的边界带域,青藏高原东南缘长期受高原物质侧向挤出和逃逸作用的影响,新构造活动强烈,块体内部变形复杂,使得峨眉山大火成岩省遭受了一系列的后期改造和破坏。围绕青藏高原的隆升、高原内部及周边块体相互作用、变形模式等问题,学者提出了多种动力学模型,其中包括"走滑逃逸模式"[84-86]和"下地壳流模型"[87-89]。

1)走滑逃逸模式

走滑逃逸模式认为板块构造理论基本上适用于大陆内部[84-86]。将青藏高原内部块体考虑为一系列"微型"的刚性块体,构造形变通过刚性块体间的相互作用来实现,且绝大部分变形局限在块体的边界断裂上。块体边界断裂切割整个岩石圈,大多具有走滑分量,来协调青藏高原向东的侧向挤出。板块边界力驱动着大陆内部刚性地块运动,板块边界的运动速率基本上大于20~30 mm/a。对于青藏高原东南缘,除小江断裂之外的块体边界断裂滑动速率基本不超过10 mm/a,且块体内部地壳呈现不同的变形特征,因此,走滑逃逸模式不能完全解释青藏高原东南缘各块体的主要构造变形方式。

2)下地壳流模型

下地壳流模型,更多考虑地壳的垂向变形模式,认为青藏高原存在地质时间尺度上可以流动的中下地壳流体[87-89]。青藏高原整体具有内部地形平坦,周缘陡峻的地貌格局,Clark & Royden[89]通过对青藏高原及其边界区域的地形包络进

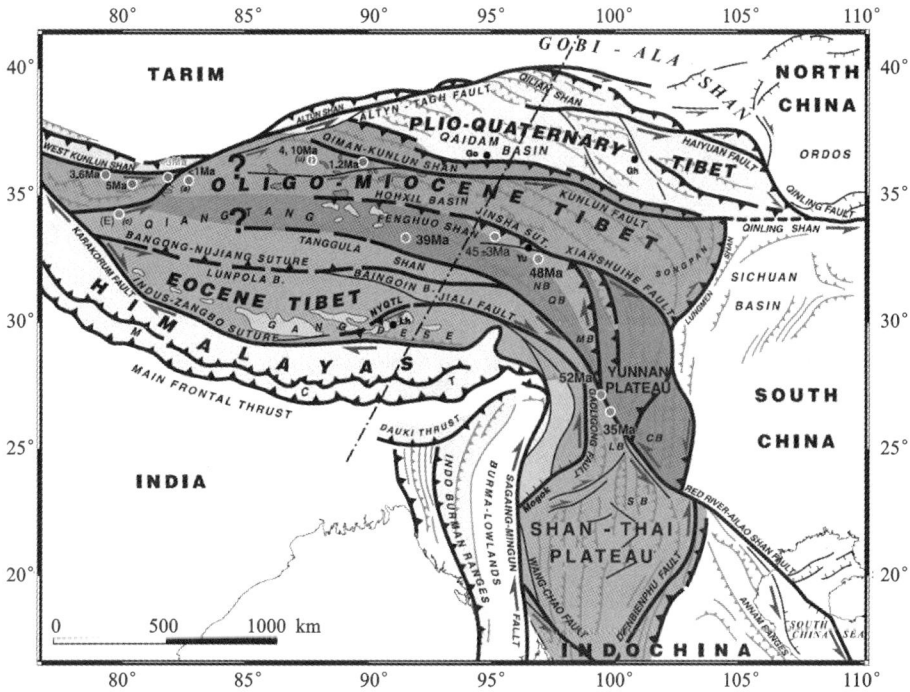

图 1.3　青藏高原的走滑逃逸模式[83]

行数值模拟，发展了下地壳通道流模式来解释这种地形差异。通道流模型认为，中央高原下地壳海拔较高，在重力势能的驱动下，下地壳物质在地质时间尺度内沿"通道"向周边低海拔地区流动，在青藏高原东缘受到刚性的四川盆地阻挡，进而向北东和南东方向流动[88-91]。在青藏高原东缘，下地壳物质的囤积导致地壳增厚和地表隆升，形成龙门山和四川盆地间强烈的地形起伏；在青藏高原东南缘，地壳强度相对软弱，下地壳物质流经的通道比较开阔，导致地壳在大尺度上逐渐增厚，形成边界模糊的青藏高原东南缘[88-93]。

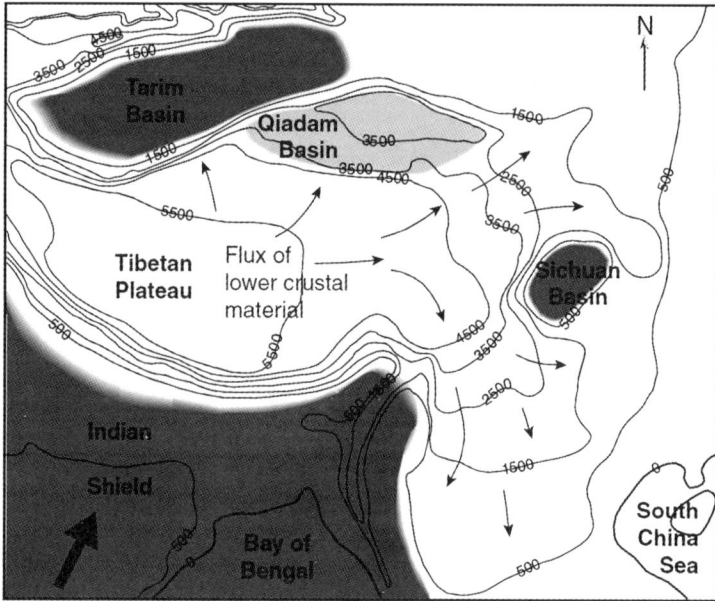

图 1.4 青藏高原的下地壳流模型[89]

## 1.2.2 峨眉山大火成岩省地球物理研究现状

深部地球物理,尤其是地震学,是探测现代地幔柱的有效手段。通过地震层析成像方法可以获得地球内部介质,如地壳和上、下地幔现今的结构影像,从而检验现代地幔柱[94],夏威夷、冰岛、黄石等现代热点地区都获得了成功[49, 50, 95-99],在地幔柱学说的建立和大讨论过程中发挥了不可替代的重要作用[42, 100]。地震学探测现代地幔柱所依赖的基本线索是地幔柱活动伴随的热效应所引起的显著的地震波低速异常[101, 102]。然而,经过漫长的地质历史时期,大火成岩省一般都经历了大尺度的时 - 空旅行。以峨眉山大火成岩省为例,它的主喷发期约为 259 Ma [乐平统—瓜德鲁普统(L—G)边界][25],那时其所处的扬子板块尚位于赤道以南的低纬度地区,而现今却位于北纬 30°附近[37, 103]。也就是说,峨眉山大火成岩省自喷发至今,至少经历了 2 亿 5 千万年,向北漂移了3000 多 km。一般认为,板块是漂移的,而地幔柱是相对固定的[104]。大火成岩省现今所处的位置与地幔柱之间的空间位置不再对应,以及与地幔柱作用有关的热结构丧失,是造成地球物理探测古老地幔柱困难的根本原因。也正因为如此,对古老地幔柱的识别,前人主要依靠岩石地球化学、沉积地层学、古生物地层学等学科手段,较少涉及系统的深部地球物理探测[16, 19]。

大火成岩省古地幔柱作用的实质是大规模岩浆活动,不仅会在地表直观地留下岩浆喷出的产物——大面积溢流玄武岩,而且在地球固化本体内部,也会保留大规模岩浆侵入的"遗迹"——来自地球深部的、大规模炽热岩浆,在穿透上覆板块过程中,必然会引起岩石圈地幔和地壳的组分改造和结构变化[54, 105-108],而显著的组分改造和结构变化正是深部地球物理探测追踪古地幔柱作用的重要线索。

20 世纪 80 年代以来,滕吉文院士等老一辈地球物理学家,针对攀西裂谷的形成机制,率先在攀西地区开展了深部地球物理探测,包括深地震测深、深地震反射、地震成像、大地电磁和重磁测量等[109-113]。其中,熊绍柏等[110]通过丽江—攀枝花—者海剖面资料,发现在攀枝花附近上地壳存在 P 波高速区,认为与攀枝花成矿岩体密切相关。刘建华等[112]对攀西地区的地震成像研究表明下地壳底部—上地幔顶部存在厚度约 20 km 的幔源高速附加层。攀西地区位于峨眉山大火成岩省的核心地带,其深部地球物理探测为开展峨眉山大火成岩省的研究提供了珍贵的线索。

2010 年 11 月至 2013 年 4 月,在国家 973 计划项目的支持下实施了峨眉山大火成岩省人工地震测深(COMWIDE – ELIP)、宽频带地震台阵探测(COMPASS – ELIP)、密集重力(COMGRA – ELIP)/地磁剖面(COMMAG – ELIP)测量等系列综合地球物理探测。该系列深部地球物理探测,是首次具体针对峨眉山大火成岩省的形成机制而组织实施的综合地球物理剖面探测,为研究区域壳幔精细结构与深部过程提供了宝贵、丰富的数据基础[12, 94, 114, 115]。通过综合地球物理探测,获得古地幔柱作用"遗迹"的特征响应主要包括壳幔精细结构、物理性质和动力学属性三个方面[12, 94, 115-119],但是还缺少横波速度结构特征方面的约束。

此外,其他学者也在相近的研究区域开展了多方面的研究,取得了一些认识。

壳幔结构方面,Hu 等[120, 121]开展远震 S 波接收函数分析,揭示出峨眉山大火成岩省所在的滇、川、黔地区莫霍(Moho)面、岩石圈底界面(LAB)三维起伏形态。吴建平等[122]开展远震 P 波三维壳幔速度结构研究,发现攀枝花附近地壳呈现高速异常,认为可能与晚古生代地幔柱活动有关。利用天然地震或者环境噪声面波资料,众多学者在青藏高原东南缘也开展了地壳、上地幔结构方面的研究工作[123-132]。其中,范莉苹等[132]通过环境噪声成像获得了青藏高原东南缘 6~48 s 的瑞利面波群速度分布,揭示出攀枝花附近由浅部地壳到上地幔的高速特征。主要的 S 波低速区分布在研究区的西北以及小江断裂下方[126-129]。一些研究结果也发现峨眉山大火成岩省内带所在位置存在一定的 Pn 波低速异常,而在四川盆地等古老盆地或者稳定地台则表现为相反的高速异常[133-135]。大地电磁测深和重力异常反演结果揭示出攀枝花附近存在明显的高电阻率、高密度区[136, 137]。Bai 等[138]通过大地电磁测深发现青藏高原东南缘围绕喜马拉雅东构造结可能存在两个独立的地壳流通道,该结果获得了一些地球物理证据的支持,如条带状的 S 波低速分布、高波速比、高 $Q$ 值等[129, 139-141]。

　　动力学属性方面，横波分裂研究获得了川滇地区地壳方位各向异性特征，系统地揭示出川滇地区地壳围绕东构造结顺时针旋转，以及峨眉山大火成岩省内带壳内深浅变形强烈耦合的特征[142]。远震 SKS 分裂结果显示地幔各向异性以 26°～27° 为界存在转折[142-144]。面波方位各向异性和 Pn 波方位各向异性从不同的深度范围揭示出青藏高原东构造结各向异性快波方向沿顺时针旋转的趋势[133-135, 145]。热力学数值模拟直观地展示了峨眉山大火成岩省古地幔柱与岩石圈相互作用的过程[119, 146]。

# 1.3　主要研究内容

　　本书以横波速度结构为切入点，利用峨眉山大火成岩省宽频带地震台阵（COMPASS - ELIP），以及云南、四川区域地震台网的固定台站资料，开展二维关键剖面的接收函数与环境噪声面波频散联合反演，以及基于环境噪声的三维横波速度结构研究，重建峨眉山大火成岩省地壳精细结构，为进一步确认与古地幔柱作用有关的岩浆"底侵"的具体位置和规模提供地震学约束，并探讨大规模岩浆作用对地壳性质的改造，以及对青藏高原东南缘现今深部过程的影响。

　　本书共 7 章，各章主要内容如下：

　　第 1 章 论述了本项研究的目的和意义，介绍了峨眉山大火成岩省的地质背景，总结了峨眉山大火成岩省及邻区的地球物理研究现状，并概述了全书的内容结构。

　　第 2 章 从面波的一般特性出发，阐述了环境噪声面波层析成像方法的发展历史，详细介绍了经验格林函数的提取，面波频散及其测量方法，以及面波层析成像的基本原理。

　　第 3 章 阐述了远震体波接收函数方法的发展历史，详细介绍了接收函数的原理，接收函数的提取，以及利用接收函数和面波频散联合反演的基本原理。

　　第 4 章 详细论述了峨眉山大火成岩省二维地壳速度结构研究工作，包括环境噪声面波频散和接收函数的资料分析、数据处理，两套数据的匹配及联合反演，展示了二维剖面的横波速度结构特征。

　　第 5 章 详细论述了峨眉山大火成岩省三维地壳速度结构研究工作，包括环境噪声面波资料的分析、处理、反演与系统检验和评价，展示了研究区域的三维横波速度结构特征。

　　第 6 章 讨论了古地幔柱作用"遗迹"的地球物理特征响应，以及峨眉山大火成岩省对青藏高原东南缘现今深部过程的影响。

　　第 7 章 简要总结本书所取得的主要结论与认识，并对研究中存在的问题和不足及下一步工作的开展提出设想。

# 第 2 章　环境噪声面波成像基本原理与方法

## 2.1　面波及其特征

　　P 波和 S 波是各向同性弹性介质内部存在的两种体波(如图 2.1 所示),两者传播速度不同、偏振方向相互正交。P 波和 S 波可以穿过介质内部沿任意方向传播,当到达自由表面或者介质分界面时,在一定条件下互相耦合形成另一种类型的地震波,称为面波。地震面波有多种类型,其中最重要的是瑞利波(Rayleigh wave)和勒夫波(Love wave)。

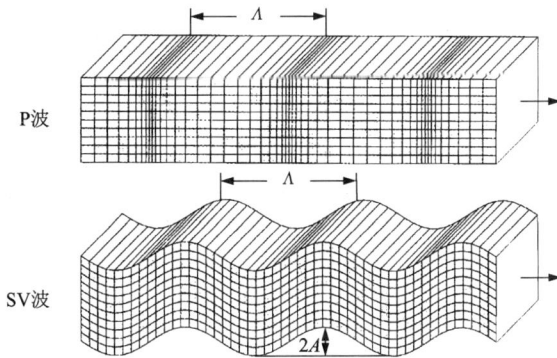

**图 2.1　均匀各向同性介质中传播的 P 波和 SV 波质点位移,
其中 $\Lambda$ 表示波长,$A$ 表示振幅[147]**

　　1885 年,英国物理学家 J. W. S. Rayleigh 首先在理论上推导出瑞利波,而后在地震记录中得到证实。瑞利波由 P 波和 SV 波在入射到自由表面后,以一定角度与界面发生作用耦合形成。其质点在垂直于地表的平面内作逆椭圆运动,椭圆的长轴沿垂直方向,偏振方向在水平面内,并平行于波的传播方向,波的振幅在地表达到最大值,与深度呈指数形式衰减,如图 2.2 所示。

　　1911 年,英国理学家 A. E. H. Love 提出勒夫波。在均匀半无限空间介质上覆一个无限的平行层,且上层 S 波速度小于下伏半无限空间介质的情况下,当 SH 波入射时,发生干涉形成勒夫波。勒夫波是 SH 型面波,用 Q 或者 LQ 表示,其质点运动没有垂直分量,偏振方向在水平面内垂直于波的传播方向,如图 2.3 所示。

(a)
自由表面(自由边界)

P    SV          SV    P

(b)

λ

波传播方向

O           X
h
U
2 h
4 h        W
6 h

.62
.42
Z=0
.61
h
.61
.46
.09   2 h

Z

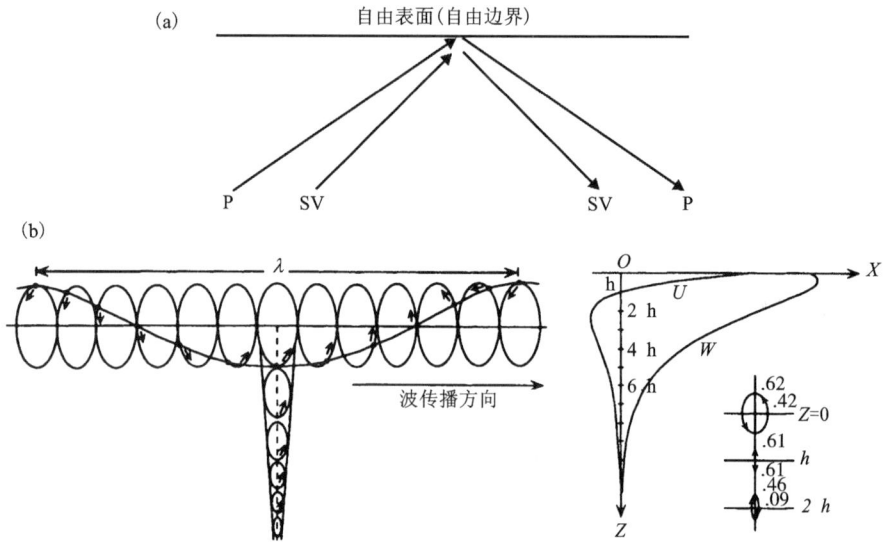

**图 2.2   瑞利波产生的机理及其偏振、传播特性示意图**[148]

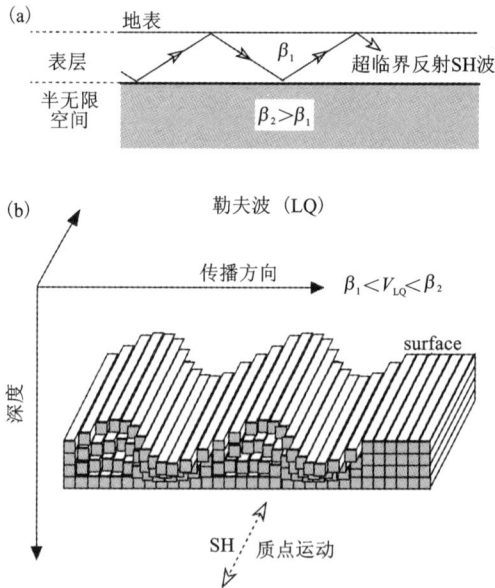

(a)
地表
表层
半无限
空间

$\beta_1$
超临界反射SH波
$\beta_2 > \beta_1$

(b)
勒夫波（LQ）

传播方向    $\beta_1 < V_{LQ} < \beta_2$

surface

深度

SH    质点运动

**图 2.3   勒夫波产生的机理及其偏振、传播特性示意图**[149]

简要而言，面波一般具有以下特征：

(1)面波是由体波超临界反射并相互叠加后形成的，沿自由表面或弹性界面传播的干涉型地震波。因而，面波取决于介质的性质和结构，与震源的激发特点无关。

(2)面波能量沿地表二维空间扩散，水平方向上的衰减较体波小得多(约为后者的平方根大小)。

(3)面波能量沿深度方向衰减很快(指数规律衰减)，其对地球的穿透深度随波长而变化，一般对其约 1/3 的波长深度敏感[150]。

(4)面波传播速度随频率变化，即具有频散特性[151]。

由于面波具有以上特征，它是研究地壳和上地幔结构的横向不均匀性的基础资料之一。

## 2.2　环境噪声面波成像发展历史

地震仪记录到的环境噪声中包含大量的地球介质信息。环境噪声成像(ambient noise tomography，简称 ANT)，通过计算两个台站长时间噪声记录的互相关函数，可以近似台站间的格林函数，并进一步通过地震成像获取对地球内部结构的认识[152, 153]。

20 世纪 50 年代，地震学家 Aki[154] 提出了利用台阵微动信号的空间自相关方法提取地下结构信息的设想，开启了环境噪声研究的大门。Claerbout[155] 提出两个台站的透射波场做自相关等价于自激自收的地震反射波场，并且可以推广到非自激自收的情况。1987 年 Steve Cole 通过在斯坦福大学开展无源观测实验，试图证明通过两个台站的噪声记录做互相关提取经验格林函数的猜想。这一想法首先成功应用于太阳地震学：Duval 等[156]对太阳表面的随机噪声进行互相关计算，成功提取其声波时距曲线，进而研究太阳外围的三维流速度结构，该技术被称为"Acoustic Daylight Imaging"。随后在声学领域也得到实验验证，Weaver 和 Lobkis[157]发现不仅热起伏可以测量，而且两个传感器接收到的热起伏噪声的互相关函数与这两点间的格林函数几乎完全相同。利用环境噪声记录进行互相关计算得到格林函数的思想，可以从杂乱随机信号中提取确定性信号，因此在日震学、声学、海洋水声学等多个领域研究中相继实现并得以应用[158, 159]。

在地震学领域，Campillo 和 Paul[160]以及 Snieder[161]最早利用与地震噪声相似的、杂乱无章的地震尾波(coda wave)进行互相关，提取了台站间的格林函数，发现其结果与理论模型合成的格林函数一致，这也证明了散射波场可以提取地震面波。Shapiro 和 Campillo[153]对连续噪声记录进行互相关运算，提取出台站间的面波格林函数，并测量了瑞利波的群速度频散曲线。在此基础上，Shapiro 等[162]收集了美国 USArray 台阵在加利福尼亚州的 62 个地震台站一个月的环境噪声记录，通过互相关提取群速度频散曲线，进一步开展面波层析成像，成功获取了 7.5 s 和 15 s 周期的瑞利面波群速度分布图像，这是环境噪声成像方法第一次以图像的方式直观清晰地展示地壳精细结构。数值试验随即也验证了该应用方法[163]。

在完全随机的波场中，对两点接收到的波形记录进行互相关计算，可以得到介质间反射、散射和传播模式的格林函数[152, 164]。关于互相关和格林函数的关系，许多学者从不同的角度来解释其物理原理，目前环境噪声"无源成像"主要包括模式均分理论[165]、时间反转理论[166, 167]、稳相近似理论[161]、波动互易理论[168]等。

随着全球范围内密集数字地震台网的布设，利用环境噪声在地球壳幔结构研究的诸多方向开展了系统应用。其研究范围由区域尺度到全球尺度[125, 126, 169 - 173]。在国外，Yang 等[170]，Stehly 等[173]以及 Bensen 等[171]分别利用环境噪声方法获得整个欧洲大陆、西欧地区、美国地区的瑞利波群速度频散，进而获得对壳幔结构的认识。在国内，Zheng 等[172]利用中国数字地震台网和全球台网的资料开展了中国大陆环境噪声成像。房立华[164]，Yang 等[127]以及 Yao 等[125, 126]分别在华北地区和青藏高原及邻区开展环境噪声成像研究。通过拓宽频带范围，可获取的面波周期从几秒到几百秒，相应研究深度从几公里到上地幔[169, 174, 175]。研究内容从群速度到相速度，从瑞利波到勒夫波[125, 126, 175 - 178]。利用噪声互相关技术获得的面波频散（如 Rayleigh 波和 Love 波），可以求取面波传播的各向异性特征分布，包括方位各向异性和径向各向异性[125, 179 - 181]，是地球动力学研究的重要组成部分。

在地震学信息的联合利用与重建方面，发展和应用了环境噪声面波与地震面波联合反演[125, 182]、噪声面波与双平面波联合反演[183]、噪声面波与接收函数联合反演[184, 185]、噪声面波与布格重力异常联合反演[186]等方法技术，充分利用多参数手段在介质速度结构研究上的互补性，获得更加可靠的地下介质信息。

环境噪声不仅能够提取面波信号，还有相当一部分能量以体波的形式存在[187]，如海洋风暴、沙漠等噪声记录中含有强 P 波或折射 P 波信号，可用于成像研究[188, 189]。在格林函数中，也同时包含面波和体波信号，只是体波信号微弱不易提取。Roux 等[190]对一个月的环境噪声进行互相关计算，通过时频分析方法提取出远场 P 波信号。Zhan 等[191]从环境噪声中恢复了莫霍面的反射震相 SmS。Poli 等[192]从环境噪声中提取了地幔过渡带的反射 P 波震相。Lin 等[175]利用 USArray 密集的台站增强信号，从环境噪声中提取出清晰的全球体波震相；Nishida[193]利用全球的台站开展了相似研究。越来越多的研究成功从环境噪声中提取出来自地球不同深度的体波震相[194 - 196]，拓展了环境噪声的应用，进而为研究地球深部结构提供了可靠依据。

　　由于地震台站位置固定，从环境噪声中提取的不同时段的格林函数具有较好的一致性，而且该过程具有可重复性，因此利用环境噪声互相关可以研究波速随时间的变化，进而对地壳介质的性质进行长期、重复监测[158]。Sens - Schönfilder 和 Wegler[197] 建议将环境噪声方法与尾波干涉测量法相结合测量地球内部速度的相对变化。Brenguier 等[198]、Chen 等[199]、刘志坤和黄金莉[200] 利用互相关函数的尾波，Xu 和 Song[201] 利用互相关函数的面波速度变化，分别研究了 2004 年中越地震、2004 年帕克菲尔德地震、2008 年汶川地震和 2004—2007 年苏门答腊强震群地区同震速度的相对变化。

　　事实上，上文中我们所介绍的噪声互相关是一种地震干涉技术，与之相关的噪声自相关技术也可以提取出地球深部结构的信息。Wang 等[194] 首次利用全球大地震尾波自相关提取穿过地球内核的 PKIKP 和 PKIIKP 震相，研究地球内核的各向异性。Taylor 等[202, 203] 利用自相关波形相位加权叠加技术重建地壳上地幔的反射结构，其原理如图 2.4 所示。Oren 和 Nowack[204] 参考 Bensen 等[205] 的互相关数据处理流程，提出环境噪声自相关数据处理流程，并应用于美国中部获得了清楚的莫霍面反射震相 PmP 和 SmS。环境噪声自相关技术克服了震源分布和台站空间位置的影响，具有广泛的应用前景。

　　综上所述，环境噪声面波成像技术的发展和进步，不仅由于数据资料积累程度的增加，更多的体现在理论和方法的进步上。

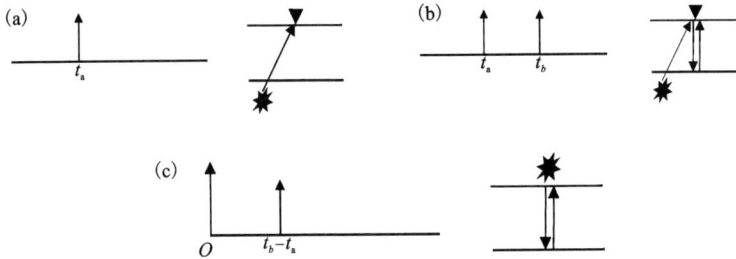

**图 2.4　连续波形记录自相关原理图[202]**

（a）地震仪在 $t_a$ 时刻接收到地震波；（b）自由表面反射的地震波在地下界面再一次发生反射，$t_b$ 时刻被地震仪记录；（c）波形自相关记录在 0 延迟时刻出现一个波峰，在两个界面之间的双程波走时时刻 $t_b - t_a$ 出现第二个波峰。

## 2.3 经验格林函数提取

### 2.3.1 经验格林函数计算

在地震学中，环境噪声是一种没有确定相谱的平稳随机信号，是由多种类型、空间分布互不相关的连续噪声源所产生的杂乱记录[206]。在由随机源所产生的波场中，两个接收点 $A$、$B$ 间的格林函数表示当一个脉冲集中力作用于 $B$ 点时，在 $A$ 点接收到的位移记录。图2.5直观地解释了从环境噪声场提取格林函数的物理原理：在各向同性的散射波场中，一条射线穿过一个接收点，一段时间后再穿过另一个接收点，震相不发生变化[152]。因此，每个台站虽然接收到杂乱无章的噪声信号，但是两个台站间的信号却是相关的[152]。通过对两个台站长时间记录的噪声信号进行互相关计算，可以提取台站间的格林函数[153]。

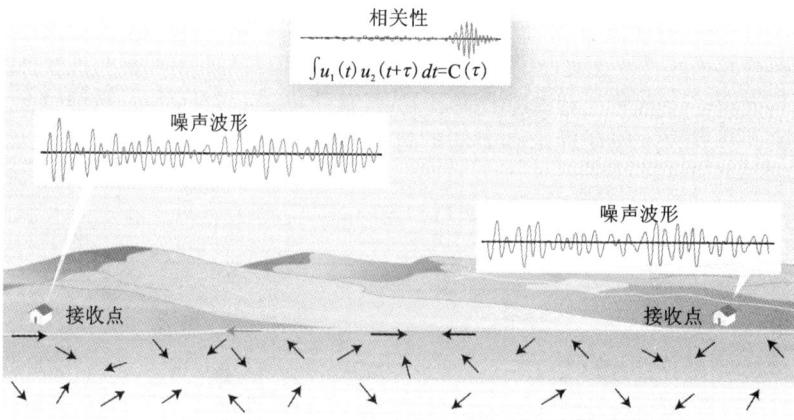

相关性

$$\int u_1(t)u_2(t+\tau)\,dt = C(\tau)$$

噪声波形

噪声波形

接收点

接收点

图2.5 环境噪声记录做互相关计算提取格林函数示意图[152]

任一台站对的波形记录的互相关计算可以表示为：

$$C_{AB}(t) = \int_0^{tc} U_A(t)U_B(t+\tau)\,\mathrm{d}\tau \qquad (2.1)$$

式中：$U_A(t)$、$U_B(t)$ 为台站 $A$、$B$ 记录的连续波形数据，$t_c$ 是互相关计算的时间长度。台站 $A$、$B$ 间的噪声互相关函数 $C_{AB}(t)$ 与其经验格林函数 $G_{AB}(t)$ 之间存在如下关系：

$$\frac{\mathrm{d}C_{AB}(t)}{\mathrm{d}t} = -G_{AB}(t) + G_{BA}(-t) \qquad -\infty \leqslant t \leqslant +\infty \qquad (2.2)$$

式中：$G_{AB}(t)$ 表示一个脉冲集中力作用于 $A$ 点时，$B$ 点接收到的脉冲响应；相应地，$G_{BA}(-t)$ 表示一个脉冲集中力作用于 $B$ 点时，$A$ 点接收到的脉冲响应。$A$、$B$ 两点都可以当成是震源，也可以当成接收台站，因此公式(2.2)等价于：

$$G_{AB}(t) = -\frac{\mathrm{d}C_{AB}(t)}{\mathrm{d}t} \qquad 0 \leqslant t \leqslant +\infty \qquad (2.3)$$

$$G_{BA}(t) = -\frac{\mathrm{d}C_{AB}(-t)}{\mathrm{d}t} \qquad 0 \leqslant t \leqslant +\infty \qquad (2.4)$$

由于格林函数在空间上存在对称性，满足 $G_{AB}(t) = G_{BA}(t)$。经验格林函数(empirical Green functions，简称 EGFs)可以表示为：

$$G_{AB}(t) = -\frac{\mathrm{d}}{\mathrm{d}t}\left[\frac{C_{AB}(t) + C_{AB}(-t)}{2}\right] \qquad 0 \leqslant t \leqslant +\infty \qquad (2.5)$$

因此，将台站 $A$、$B$ 之间的噪声互相关函数反转叠加后，对时间变量求一阶偏微分，可获取台站对间的经验格林函数。

## 2.3.2　噪声源性质及其对经验格林函数的影响

前人理论研究表明，为了从噪声互相关中提取格林函数，随机噪声源必须满足以下两个基本假设条件：(1)地球介质中的随机噪声场处于近似均匀分布的空间状态；(2)在经过相当长时间后，环境噪声源的空间位置分布处于随机化，同时地球介质的不均匀性产生地震波散射，使噪声分布进一步随机化和均匀化[153, 207-209]。环境噪声源的性质和分布特征影响经验格林函数，当噪声源均匀分布时，从两个台站的背景地震噪声中可以提取出台站间的格林函数，但实际噪声源的分布是不均匀的，且具有明显的方向性和季节性变化特点[164]。因此，需要协调这种假设的噪声源均匀分布和实际观测的不均匀性之间的矛盾。

普遍认为环境噪声来源于地球表面的大气扰动和海浪波动，且不同频段(周期)的环境噪声形成机理具有差异性。周期小于 20 s 的环境噪声称为地脉动(microseism)，成因与海浪和海岸的相互作用有关[210, 211]。环境噪声在 10~20 s 和 5~10 s 存在两个明显峰值，分别称为第一类地脉动和第二类地脉动，前者与环境噪声的季节性变化相关[212]，如图 2.6 所示。长周期(>100 s)的环境噪声称为地球嗡鸣声(earth hum)，被认为与大气和地球的相互作用有关，也有研究认为与大气、海洋和海底的相互作用相关[213-215]。地球上还有一类可持续产生噪声、空间尺度较小、位置相对固定的特殊噪声源，可能与特定区域的地质结构相关[216]。

环境噪声的来源与能量差异，影响互相关函数的形态。对任意两个地震台站的连续波形记录做互相关计算，都会得到一个因果信号和一个非因果信号，即正分支和负分支。台站连线方向的能量流决定了互相关函数的振幅[217]。Stehly

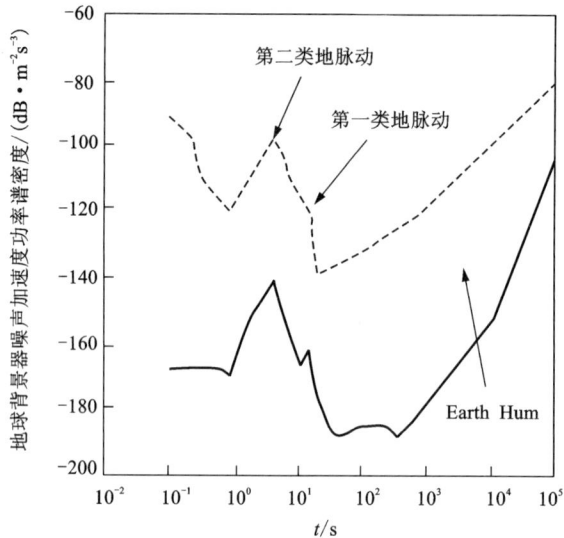

**图2.6　全球背景噪声模型加速度功率谱密度[216]**

实线表示新低背景噪声模型(NLNM)，虚线表示新高背景噪声模型(NHNM)

等[212]首次基于互相关函数分析环境噪声源的性质，指出如果台站两侧的噪声源均匀随机分布，两个方向能量流相同，所提取出的格林函数中因果信号和非因果信号的振幅、走时具有对称性，如图2.7(a)所示；而当台站噪声源分布不均时，因果信号和非因果信号到时相同、振幅不同，且在噪声源能量较强的一侧产生的信号振幅更大，如图2.7(b)、(c)所示。实际观测中，受噪声源特性(如传播距离、强度、持续时间、频率成分等)分布不均匀的影响，互相关函数的振幅一般不对称，但对到时的影响较小[167]。

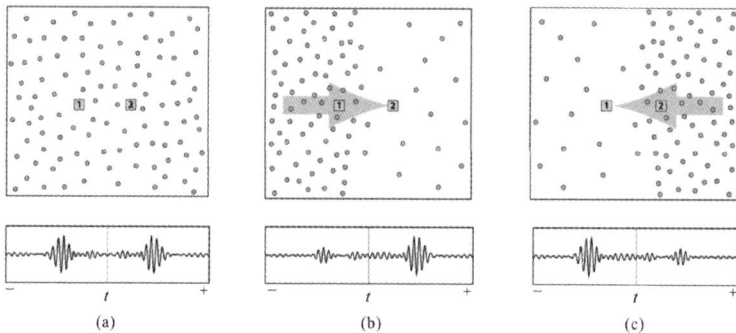

**图2.7　噪声源分布对互相关函数的影响[212]**

(a)噪声源分布均匀时，噪声互相关函数对称；(b)(c)噪声源分布不均匀时，噪声互相关函数两支信号的到时对称，振幅不同

Sneider[161]基于稳相近似理论证明对两点之间格林函数贡献最大的是位于台站两侧的稳相区域，即图 2.8 中的灰色区域，而稳相区域以外的噪声源对格林函数提取的贡献较小。

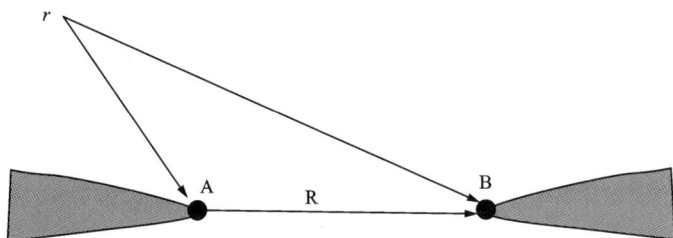

**图 2.8　地震干涉稳相近似理论示意图[161]**
其中 A、B 为台站，台间距为 R，r 为任一噪声源，灰色区域为稳相区域。

在实际环境噪声波形记录的处理中，为满足随机噪声源的两个基本假设条件，可以通过一年或者更长时间的叠加来实现噪声信号随机化，消除噪声源方位性和季节性变化等因素的影响[218, 219]。Bensen 等[205]提出，通过对因果信号和非因果信号进行叠加，可以等效噪声源的均匀分布。这种处理虽然损失了振幅信息，却在一定程度上提高了经验格林函数波形的信噪比。

### 2.3.3　连续波形数据预处理

受噪声频谱特性以及地震信号和台站附近干扰源等影响，直接利用地震台站记录的环境噪声进行互相关计算，难以得到高信噪比的经验格林函数。因此，在互相关计算之前通常需要对单个台站的环境噪声原始记录进行预处理，具体步骤参考 Bensen 等[205]，主要包括：重采样、去仪器响应、去均值、去倾斜、截取数据长度、带通滤波、时间域归一化和频率域归一化。

（1）重采样

互相关的计算量取决于数据采样的点数。一般地震仪记录的原始数据采样率较高，约 50 Hz，为了节约计算量和数据存储量，需对数据重采样。采样率越高，所测量频散曲线的最小周期越小，对地壳浅表层的分辨就越好，但其计算耗时也越长。对于地壳和上地幔的速度结构研究，1 Hz 的采样率已经足够。

（2）去仪器响应

地震仪直接记录到的是模拟信号（电压信号），经离散采样后输出为数字信号，单位为 counts。对于速度地震计，必须和仪器响应函数进行反褶积来求取地动速度，再积分获得地动位移。不同的地震计和数据采集器，其幅频特性和相频特性往往存在差异，对原始记录进行去仪器响应旨在消除仪器本身引起的信号差异。若研究区使用相同的仪器，则不必去除仪器响应。

（3）去均值、去倾斜

地震计在记录过程中普遍发生零漂，导致数据均值不为零并产生倾斜，需对原始记录进行去均值和去倾斜处理。

（4）时间域归一化

时间域归一化的目的是去除地震信号、仪器故障引起的信号畸变，以及台站附近非稳定噪声源对互相关计算结果的影响[159, 164]。目前主要的方法包括：

①"one – bit"归一化方法：将原始记录中的正值用 1 代替，负值用 – 1 代替，该方法实现比较简单，且能够提高互相关波形的信噪比[220]。本书在环境噪声数据的时间域归一化预处理中采用"one – bit"方法。

②剪切阈值法：由每天波形记录的最小标准差拟定阈值。该方法可有效降低地震事件的影响，减小环境噪声中高频成分的畸变。

③自动地震检测去除法：当波形振幅超过一定临界值时，认为包含地震事件，并将 30min 记录长度的振幅设为 0。该方法临界值选择比较困难。

④滑动绝对平均方法：根据噪声信号的频率特性和地震信号的不同，取一定时间长度的窗口计算每一个采样点的权重，用原始时间序列除以每点的权重，得到新的时间序列。该方法应用较为普遍。

⑤水准量迭代归一化方法：将振幅大于每天振幅均方根指定倍数的权重降低，重复操作，直至整体波形的振幅低于某一水准量。该方法比较耗时。

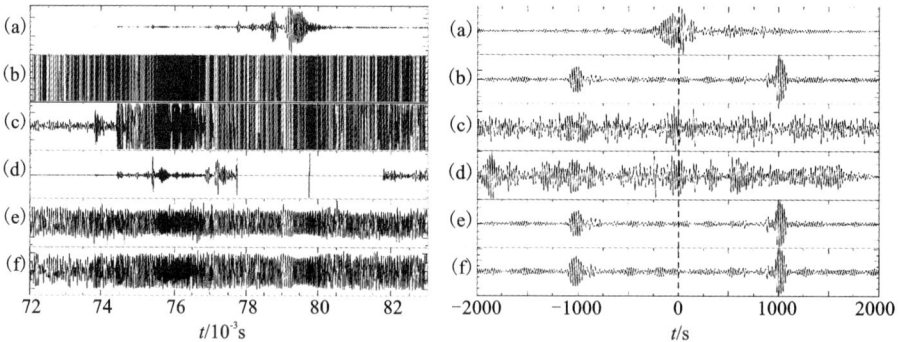

图 2.9　五种时间域归一化方法的对比（左）及相应的互相关结果（右）[205]

（a）原始波形数据，包含一个 Ms 7.2 级地震；（b）"one – bit"归一化方法；（c）剪切阈值法；（d）自动地震检测去除法；（e）滑动绝对平均方法；（f）水准量迭代归一化方法。

（5）频率域归一化

时间域归一化之后的噪声振幅谱并不平坦，在某些频率范围存在峰值。频率域归一化,又称频谱白化,可以降低某一单频固定信号的干扰,拓宽环境噪声互相关信号的频带范围。频率域归一化还可以使单台地震记录的频谱更宽,有利于提取出更连续的频散曲线。如图 2.10(a) 所示,时间域归一化之后的噪声振幅谱在 7.5 s 和 15 s 有两个峰值。当周期大于 50 s 时,由于存在地球嗡鸣,振幅谱上升很快。在 26 s 附近还能看到一个小的峰值[图 2.10(a) 中灰框所示],是来自几内亚湾的噪声源所引起的[221]。对环境噪声进行频谱白化处理,可以得到归一化的振幅谱,如图 2.10(b) 所示。

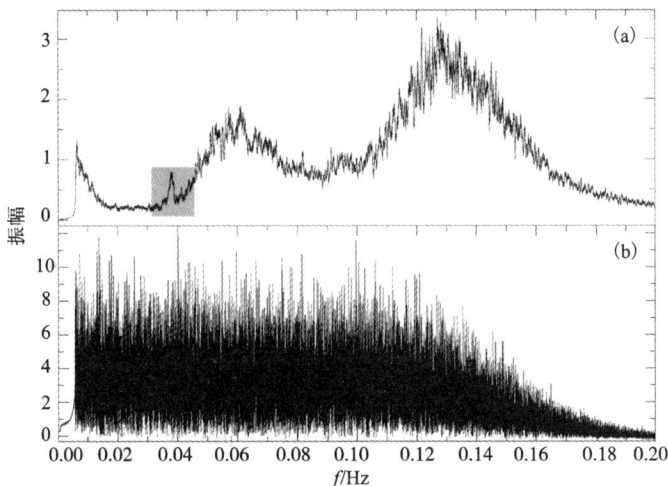

**图 2.10　频谱白化处理示意图[205]**
(a) 垂直分量振幅谱,灰框表示来自几内亚湾的噪声信号; (b) 频谱白化之后的振幅谱。

## 2.4　面波频散及其测量方法

### 2.4.1　群速度和相速度

地球内部介质的不均匀性或非完全弹性,导致地震波通常会含有不同频率的波动成分,且不同频率的波动成分可能具有不同的传播速度。面波的频散主要由地球内部介质的速度在深度方向和横向变化的不均匀性引起,体现在不同周期的波传播速度不同,包括群速度频散和相速度频散。相速度表示波的同相面在空间的传播速度,而群速度指含不同频率成分的叠加波其能量包络在空间的传播速度,如图 2.11 所示。

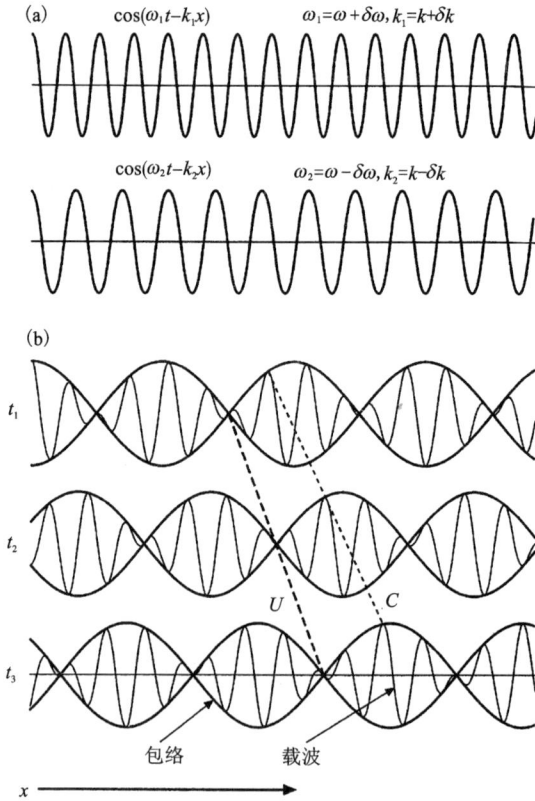

图 2.11 面波群速度和相速度示意图[222]

考虑两个频率和波数相差很小的简谐波叠加：

$$u = \cos(\omega_1 t - k_1 x) + \cos(\omega_2 t - k_2 x) \qquad (2.6)$$

式中，

$$\omega_1 = \omega + \delta\omega, \ \omega_2 = \omega - \delta\omega, \ \omega \gg \delta\omega$$
$$k_1 = k + \delta k, \ k_2 = k - \delta k, \ k \gg \delta k \qquad (2.7)$$

将式(2.7)代入式(2.6)，可转化为：

$$u = 2A\cos(\delta\omega t - \delta k x)\exp[i(\omega t - kx)] \qquad (2.8)$$

式中，$\omega$ 为角频率，$k$ 为波数。

$U = \dfrac{\delta\omega}{\delta k}$ 为群速度，$c = \dfrac{\omega}{k}$ 为相速度，两者的关系如下：

$$U(\omega) = \frac{\partial\omega}{\partial k} = \frac{\partial(kc)}{\partial k} = c(\omega) + k\frac{\partial c(\omega)}{\partial k} \qquad (2.9)$$

由此可见，对于面波而言，群速度和相速度都随频率变化。在地壳上地幔中，地震波速度一般随深度增大而增加，因此低频的波比高频的波传播更快，在式(2.9)中体现为$\frac{\partial c(\omega)}{\partial k}<0$，所以群速度一般小于相速度。面波频散是根据面波信号的运动学和动力学特征定义的，在本质上它并不是介质的物理参数，而是介质物理参数在地震学上的一种信号响应[223]。

考虑到多层介质中面波频散方程具体表达的复杂性，将 N 层各向同性弹性介质的面波频散方程简单表述为以下一般形式：

$$f(U, T, e_i, H_i) = 0 \text{ 或 } f(c, T, e_i, H_i) = 0 \quad\quad (2.10)$$

式中，$i$ 表示层号($i=1, 2, 3, \cdots, N$)，$U$ 为群速度，$c$ 为相速度，$T$ 为周期，$e_i$ 为第 $i$ 层介质的弹性参数，对瑞利波来说是指 S 波速度、P 波速度和密度，对 Love 波来说是指 S 波速度和密度，$H_i$ 为第 $i$ 层介质的厚度。式(2.10)所示的频散方程表明，一定周期的频散是介质厚度和弹性参数的函数，这是利用面波频散来反演地下介质参数和地球内部构造的理论依据。

为了探讨群速度和相速度频散对地球内部介质参数的敏感性，在弹性半空间上构建由沉积层、上地壳和下地壳组成的三层地壳模型，利用 Thomson - Haskell 传播矩阵方法计算理论频散[224-226]，通过数值计算得到群速度和相速度对不同弹性参数的偏导数，如图 2.12 所示。

从计算结果可以得到面波频散对介质参数的敏感性主要表现为：

(1)不同周期的面波群速度和相速度对不同深度范围内的介质参数变化敏感。周期越大，敏感的深度就越大，敏感范围也越大。群速度敏感性比相速度强，在同一周期，群速度对浅层结构更敏感。

(2)面波群速度和相速度频散对介质不同弹性参数的敏感度不同。瑞利波对 S 波速度最敏感，其次是密度，最后是 P 波速度。勒夫波对 S 波速度敏感，对密度敏感性差，对 P 波速度基本不敏感。

(3)瑞利波对介质参数随深度变化的敏感性比勒夫波更强。

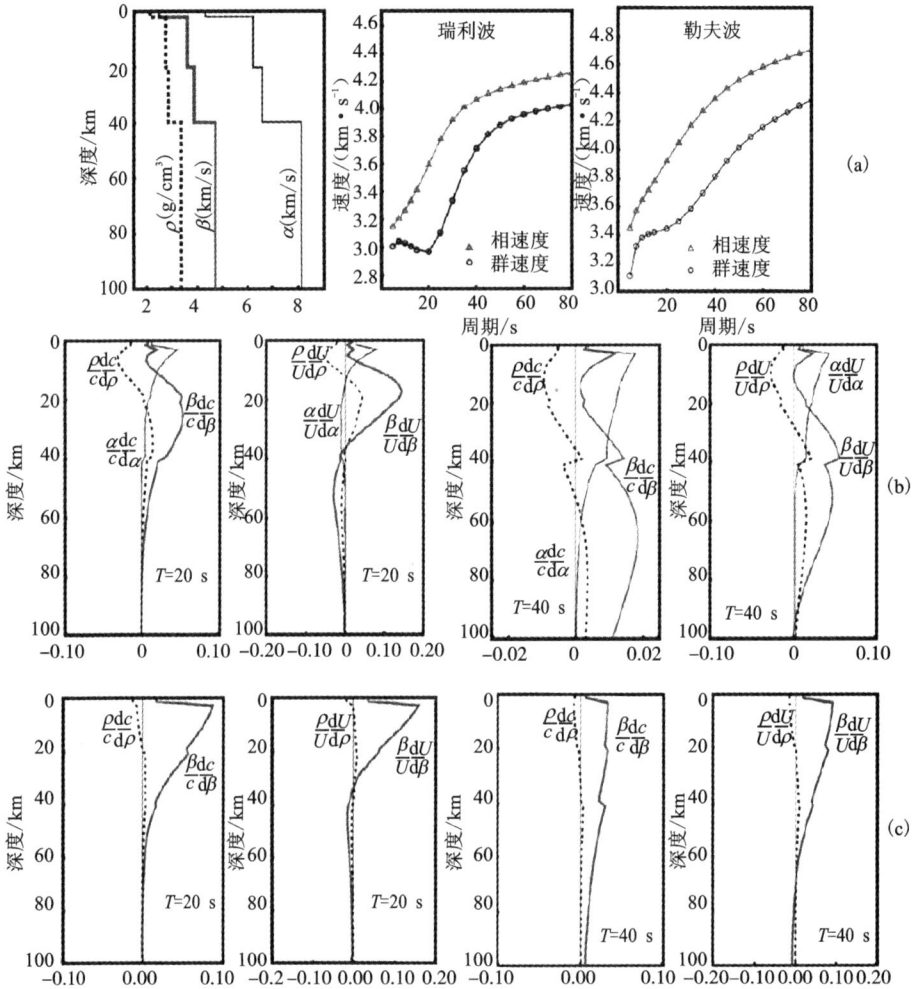

**图 2.12　群速度和相速度频散对介质参数的敏感性[223]**

（a）模型及计算得到的瑞利波和勒夫波群速度、相速度；（b）瑞利波群速度和相速度对不同介质参数的敏感核函数；（c）勒夫波群速度和相速度对不同介质参数的敏感核函数。

## 2.4.2　频散曲线测量方法

20 世纪中叶，开始有地质学家使用峰谷法和傅里叶变换法进行面波频散测量[227, 228]。20 世纪 60 年代，数值滤波技术[229]和时变滤波方法[230]的提出奠定了面波频散测量的基础。随后，Landisman 等[231]引入移动窗分析法，Dziewonski 等[232]提出多重滤波法（multiple filter technique）。多重滤波法利用窄带滤波技术提高了信号的信噪比，从而提高频散测量精度，并成为面波时频分析（frequency

time analysis)的核心。在具体的滤波环节,发展了诸如时变滤波器、相对带宽滤波器、维纳滤波器等不同类型的滤波器,并形成了对非同阶振型面波进行分离的相位匹配滤波技术(phase match filter technique)[233],促使面波频散提取变得愈加高效和准确。20 世纪 80 年代以后,随着计算机技术的进步,时频分析技术的方法实现得到关注和发展,形成了一系列较为成熟的软件,并被广泛应用于国内外地震学领域的研究[234, 235]。

(1)多重滤波法

多重滤波提取基阶面波频散的核心是,利用中心频率为$\omega_0$的高斯无相移带通滤波器在频率域对地震信号进行滤波,并利用傅里叶反褶积将其变换到时间域,一般将时间域最大振幅的到时视为中心频率为$\omega_0$的群速度能量包络的到时[236]。具体流程如下:

对时间信号$s(t)$应用傅里叶变换,得到其频谱$S(\omega)$:

$$S(\omega) = \int_{-\infty}^{+\infty} s(t)\, e^{-i\omega t} dt \tag{2.11}$$

频散测量考虑在频率域定义的解析信号:

$$S_\alpha(\omega) = S(\omega)[1 + \text{sgn}(\omega)] \tag{2.12}$$

式(2.12)做傅里叶逆变换,得到的时间域信号表达为:

$$S_\alpha(t) = s(t) + iH(t) = |A(t)|\exp[i\varphi(t)] \tag{2.13}$$

式中,$H(t)$是时间信号$s(t)$的希尔伯特(Hilbert)变换。

对式(2.12)的频率域解析信号应用一个中心频率为$\omega_0$的窄带高斯滤波器$G(\omega-\omega_0)$,构建滤波器的时-频函数为:

$$G(\omega-\omega_0) = \exp\left[-\alpha\left(\frac{\omega-\omega_0}{\omega_0}\right)^2\right] \tag{2.14}$$

式中,$\alpha$表示滤波参数,控制滤波器带宽,$\alpha$越大,高斯滤波器带宽越小。

$$S_\alpha(\omega, \omega_0) = S(\omega)[1 + \text{sgn}(\omega)]G(\omega-\omega_0) \tag{2.15}$$

对式(2.15)做傅里叶逆变换,得到:

$$S_\alpha(t, \omega_0) = s(t, \omega_0) + iH(t, \omega_0) = |A(t, \omega_0)|\exp[i\varphi(t, \omega_0)] \tag{2.16}$$

式中,$|A(t, \omega_0)|$、$\varphi(t, \omega_0)$分别表示滤波后的振幅包络和瞬时相位,$H(t, \omega_0)$是时间信号$s(t, \omega_0)$的希尔伯特(Hilbert)变换。对于所有的中心频率$\omega_0$,自动搜索包络$|A(t, \omega_0)|$最大振幅相位所对应的群走时$t_{gr}(\omega_0)$,可以获得群走时曲线$t_{gr}(\Omega_0)$,则群速度频散曲线可以表示为:

$$U(\omega) = \frac{\Delta}{t_{gr}(\omega)} \tag{2.17}$$

$$\Omega_0 = \frac{\partial}{\partial t}\varphi\Big|_{t=t_{gr}(\omega_0)} \tag{2.18}$$

式中,$\Delta$为震中距,$\Omega_0$为视频率,通过对$t_{gr}(\Omega_0)$插值可以获得不同周期的群速度。最终，在以周期为横坐标、群速度为纵坐标构建的时频分析图上，可以测量面波群速度频散曲线。

（2）相位匹配滤波技术

面波具有多阶性，而且主要包含基阶面波。在计算频散曲线的时候，会受高阶面波和多路径干扰的影响，从而降低测量精度。因此，在进行时频分析时引入相位匹配滤波技术。

假设对一个时间函数 $f_p(t)$ 与时间信号 $s(t)$ 作互相关计算：

$$s(t) \otimes f_p(t) \xrightarrow{\text{FFT}} |S(\omega)| |F_p(\omega) \exp i[\sigma(\omega) - \varphi_p(\omega)]| \qquad (2.19)$$

式中，$\sigma(\omega)$、$\varphi_p(\omega)$ 分别表示 $s(t)$、$f_p(t)$ 的相位。当 $\sigma(\omega) = \varphi_p(\omega)$ 时，定义 $f_p(t)$ 为时间信号 $s(t)$ 的相位匹配滤波器。式（2.19）可以表示为：

$$s(t) \otimes f_p(t) \xrightarrow{\text{FFT}} |S(\omega)| |F_p(\omega)| \qquad (2.20)$$

上式说明时间信号 $s(t)$ 与相位匹配滤波器 $f_p(t)$ 的互相关函数频谱存在零相位，且振幅只与 $|F_p(\omega)|$ 有关。考虑信噪比与频率分辨率的关系，相位匹配滤波器的振幅包含三种情况：

① $|F_p(\omega)| = S(\omega)$，$s(t)$ 和 $f_p(t)$ 的互相关可以当作自相关，在白噪声条件下可获得最高信噪比；

② $|F_p(\omega)| = \dfrac{1}{S(\omega)}$，$s(t)$ 和 $f_p(t)$ 的互相关可以当作脉冲函数，因此能获得最大的频率分辨率，但信噪比却明显降低；

③ $|F_p(\omega)| = 1$，$s(t)$ 和 $f_p(t)$ 的互相关兼顾了信噪比和频率分辨率，是最常用的手段。

在实际应用相位匹配方法滤波时，主要包含三个步骤：压缩信号、抽取信号和信号展开。

1）压缩信号

假设已知面波群速度频散曲线 $U(\omega)$、相位匹配滤波器振幅 $|F_p(\omega)| = 1$、震中距 $\Delta$，可以将面波信号表示为：

$$s(t) = \pi^{-1} \text{Re} \int_{\omega_0}^{\omega_1} |S(\omega)| e^{i[\omega t - \Psi(\omega)]} d\omega \qquad (2.21)$$

式中，$|S(\omega)|$ 表示信号的振幅谱，$\Psi(\omega) = k(\omega) \cdot \Delta = \omega \Delta / C(\omega)$ 表示由频散引起的相位谱，$C(\omega)$ 表示相速度，$k(\omega)$ 表示波数。用式（2.22）校正 $\Psi(\omega)$：

$$U(\omega) = \frac{d\omega}{dk(\omega)} \qquad (2.22)$$

得到，

$$k(\omega) = k_0 + \int_{\omega_0}^{\omega_1} \frac{\mathrm{d}\omega}{\mathrm{d}U(\omega)}$$

$$k_0 = \int_0^{\omega_0} \frac{\mathrm{d}\omega}{\mathrm{d}U(\omega)}$$

(2.23)

式中，$\omega_0$、$\omega_1$ 是带通滤波器的截止频率。实际应用中，对离散的群速度频散在滤波器频带（$\omega_0$，$\omega_1$）内插值，获得连续的群速度频散曲线 $U(\omega)$。根据式（2.21），去频散后的压缩时间信号可以表示为：

$$E(t) = \pi^{-1} \left| \int_{\omega_0}^{\omega_1} |S(\omega)| \mathrm{e}^{[\mathrm{i}\omega t - \mathrm{i}\Psi(\omega) + \mathrm{i}\Psi(\omega)]} \mathrm{d}\omega \right|$$

(2.24)

通过式（2.24）对频率域信号的相位谱进行校正，然后傅里叶反变换到时域即可获得压缩的面波信号。

2）抽取信号

选择合适的时窗对去频散后的压缩时间信号进行滤波，抽取信号主要的能量部分，以去除多重路径和高阶面波干扰的影响。

3）信号展开

利用相位匹配反滤波器将上一步获得的时间信号重新展开，恢复传播路径上干净完整的基阶面波频散。

相位匹配滤波可以有效提高面波信号的信噪比，但在测量频散时必须先给定一个初始频散曲线作为参考，如原始记录经多重滤波后的频散曲线。

多重滤波方法是对已获取的基阶面波信号进行高精度的群速度频散测量。研究表明，相比地震激发的面波信号，由环境噪声互相关提取的经验格林函数波形更为简单，获得的时频分析图也更为简单，而且台间距小，相应的多路径效应也显著减少。Bensen 等[205]指出：相位匹配滤波技术对频带较宽的面波信号更加有效，而对于窄频带，相位匹配滤波前后所测得的频散基本不变。因此，利用经验格林函数测量面波频散曲线时，使用多重滤波方法可获得较满意的结果。

# 2.5　面波层析成像基本原理

面波层析成像获得研究区的 S 波速度结构一般需要经过两步反演：第一步反演基于混合路径频散，将研究区进行参数化，从而得到每个网格单元的纯路径频散；第二步反演基于纯路径频散，反演每个节点下方 S 波速度结构。再通过横向或垂向的插值，获取研究区三维 S 波速度结构。

## 2.5.1　纯路径频散反演

实际的地球介质结构具有明显的横向不均匀性特征，基于经验格林函数提取的面波频散携带台站对路径上的介质信息，称为混合路径频散。在此基础上，将研究区域进行网格化，进而反演每个网格单元的纯路径频散。根据费马原理，在几何光学近似和一阶扰动理论前提条件下，可以假定面波沿地球大圆路径传播。首先将研究区划分为 $n$ 个网格单元，将每个网格单元的介质视为横向均匀的，即每个网格内部具有区域纯路径频散值。对于第 $i$ 条射线路径，周期为 $T$ 的面波从震源 $S$ 到接收点 $r$ 的传播到时可以表示为慢度对路径的积分：

$$t_i = \int_S^r \frac{\mathrm{d}s}{v(s)} \tag{2.25}$$

式中，$\mathrm{d}s$ 为路径上的线元，$v(s)$ 为线元 $\mathrm{d}s$ 上的群速度。

在网格单元呈现弱横向不均匀的情况下：

$$v(s) = v_0 + \Delta v(s) \tag{2.26}$$

式中，$v_0$ 表示该周期面波的参考群速度，$\Delta v(s)$ 表示由介质的横向非均匀性所引起的微小速度扰动，即 $\Delta v(s)/v_0 \ll 1$。将相对参考模型的走时残差 $\Delta t_i = t_i^{\mathrm{obs}} - t_i^{\mathrm{cal}}$ 根据一阶泰勒(Taylor)展开成慢度修正量的线性函数：

$$\Delta t_i = -\frac{1}{v_0} \int_S^r \frac{\Delta v(s)}{v_0} \mathrm{d}s \tag{2.27}$$

若第 $i$ 条射线共穿过 $n$ 个网格单元，且在网格单元内横向均匀，即在网格内 $\frac{\Delta v(s)}{v_0}$ 可视为常数，式(2.27)可写成如下求和形式：

$$\Delta t_i = \sum_{j=1}^{n} \left| -\frac{\Delta v}{v_0^2} \right| d_{ij} \tag{2.28}$$

式中，$d_{ij}$ 表示第 $i$ 条射线在第 $j$ 个网格单元中的路径长度。

若有 $m$ 条地震射线路径，式(2.28)可推广到所有射线路径，用矩阵形式表示为：

$$[\boldsymbol{b}]_m = [\boldsymbol{A}]_{m \times n} \cdot [\boldsymbol{x}]_n \tag{2.29}$$

式中，$\boldsymbol{b}$ 代表走时残差向量，$\boldsymbol{A}$ 代表路径长度稀疏矩阵，$\boldsymbol{x}$ 代表待求的网格速度扰动的模型向量。

通过求解大型稀疏矩阵方程组，更新周期为 $T$ 时每个网格单元的速度扰动值，可以获得该周期纯路径频散。将其推广到所有的周期，最终可以获得各周期每个网格单元上的纯路径频散。常用的矩阵求解方法包括阻尼最小二乘法(LSQR)、奇异值分解法(SVD)和共轭梯度法(CG)等。

## 2.5.2 地球深部结构反演

已知每个网格单元的纯路径频散曲线，反演地球深部结构的基本思想是：根据给定的初始速度模型，正演计算其理论频散曲线，迭代求解观测频散曲线和理论频散曲线在最小二乘意义下的最小残差解。

假设某一网格单元对应 $m$ 个周期纯路径频散值，则其向量形式表示为：

$$\boldsymbol{y}^{\mathrm{obs}} = (y_1^{\mathrm{obs}},\ y_2^{\mathrm{obs}},\ \cdots,\ y_m^{\mathrm{obs}})^{\mathrm{T}} \tag{2.30}$$

$n$ 层模型参数向量表示为：

$$\boldsymbol{x} = (x_1,\ x_2,\ \cdots,\ x_n)^{\mathrm{T}} \tag{2.31}$$

给定初始模型 $\boldsymbol{x}_0$，正演计算相应的理论频散，用向量表示为：

$$\boldsymbol{y}^{\mathrm{mod}}(\boldsymbol{x}_0) = [y_1^{\mathrm{mod}}(\boldsymbol{x}_0),\ y_2^{\mathrm{mod}}(\boldsymbol{x}_0),\ \cdots,\ y_m^{\mathrm{mod}}(\boldsymbol{x}_0)]^{\mathrm{T}} \tag{2.32}$$

由于面波频散与地球介质结构存在非线性关系，在初始模型 $\boldsymbol{x}_0$ 处对理论频散进行一阶 Taylor 展开，并略去高阶项，可将非线性方程线性化，即：

$$
\begin{aligned}
y_1^{\mathrm{mod}}(\boldsymbol{x}) &= y_1^{\mathrm{mod}}(\boldsymbol{x}_0) + \sum_{j=1}^{n}\left(\frac{\partial y_1^{\mathrm{mod}}}{\partial x_j}\right)_{x_0}\Delta x_j \\
y_2^{\mathrm{mod}}(\boldsymbol{x}) &= y_2^{\mathrm{mod}}(\boldsymbol{x}_0) + \sum_{j=1}^{n}\left(\frac{\partial y_2^{\mathrm{mod}}}{\partial x_j}\right)_{x_0}\Delta x_j \\
&\cdots \\
y_m^{\mathrm{mod}}(\boldsymbol{x}) &= y_m^{\mathrm{mod}}(\boldsymbol{x}_0) + \sum_{j=1}^{n}\left(\frac{\partial y_m^{\mathrm{mod}}}{\partial x_j}\right)_{x_0}\Delta x_i
\end{aligned}
\tag{2.33}
$$

其矩阵表达式表示为：

$$\boldsymbol{y}^{\mathrm{mod}}(\boldsymbol{x}) = \boldsymbol{y}^{\mathrm{mod}}(\boldsymbol{x}_0) + A\Delta\boldsymbol{x} \tag{2.34}$$

式中，$A$ 为偏导数矩阵（Jacobi 矩阵），$\Delta\boldsymbol{x}$ 是模型修正量。因此，可将残差向量 $\boldsymbol{\xi}(\boldsymbol{x})$ 表示为：

$$\boldsymbol{\xi}(\boldsymbol{x}) = \boldsymbol{y}^{\mathrm{obs}} - \boldsymbol{y}^{\mathrm{mod}}(\boldsymbol{x}) = \boldsymbol{y}^{\mathrm{obs}} - \boldsymbol{y}^{\mathrm{mod}}(\boldsymbol{x}_0) - A\Delta\boldsymbol{x} \tag{2.35}$$

令向量 $\boldsymbol{b} = \boldsymbol{y}^{\mathrm{obs}} - \boldsymbol{y}^{\mathrm{mod}}(\boldsymbol{x})$ 表示观测值与初始模型理论计算值间的差值，则式(2.35)可表示成：

$$A\Delta\boldsymbol{x} = \boldsymbol{b} - \boldsymbol{\xi}(\boldsymbol{x}) \tag{2.36}$$

反演的目标就是寻求模型向量 $\boldsymbol{x}$，使得残差向量 $\boldsymbol{\xi}(\boldsymbol{x})$ 趋近于零，从而将非线性反演问题转化为逐次迭代的线性反演问题，即：

$$[\boldsymbol{b}]_m = [A]_{m\times n}\cdot[\boldsymbol{x}]_n \tag{2.37}$$

类似于求解式(2.29)的方法，通过对大型稀疏矩阵方程组求解，不断更新模型参数扰动值，最终获得网格单元下方的 S 波速度模型。

在地球深部结构反演的方法实现上，圣路易斯大学 Herrmann 教授团队开发的地震学数据处理程序包(computer programs in seismologg, CPS)[235]，可利用最小二乘线性反演算法迭代求解 S 波速度结构，已被广泛应用于地震学领域的壳幔结构研究。

# 第 3 章　接收函数基本原理与方法

## 3.1　接收函数发展历史

自 1980 年以来，随着宽频带数字地震台网和流动台站观测技术的迅速发展和不断成熟，远震体波接收函数方法被广泛应用，已经成为研究台站下方地壳上地幔精细结构的一种有效手段。

Phinney[237]首次利用地表位移水平分量与垂直分量的谱振幅比值拟合了远震 P 波振幅谱。Vinnik[238]最早试图通过去除远震体波波形中的震源效应和传播路径的响应，来求取台站接收区的介质响应。Burdick 和 Langston[238]提出，由于震源过程和地震波传播效应之间存在解耦，理论上可以将时间域远震 P 波波形数据表示为震源因子、地震波传播路径上的介质响应以及仪器响应三个方面的褶积关系。在此基础上，Langston[240]提出了等效震源假定，认为时间域接收函数的垂向分量可以近似为一个 Dirac 函数，从而简化了天然地震震源过程，并提出了从长周期远震体波中分离接收函数（即接收台站下方介质对入射波的脉冲响应）的方法。

Owens 等[241]将上述分离接收函数的方法进一步应用到宽频带波形记录中，发展了接收函数时间域线性反演方法。远震体波接收函数反演结果具备能够获得其他方法难以探测的岩石圈尺度 S 波速度结构等优势[242]，其理论和方法一直在不断的发展和应用。Ammon 等[243]基于 Randall[244]提出的计算微分地震图的高效算法加快反演速度，以及 Shaw 和 Orcutt[245]的跳动反演技术给最终的反演速度模型加以光滑约束，发展了现今广为应用的时间域线性反演方法，并针对性地对反演的非唯一性问题提出了一种接收函数分离方法。Kind 等[246]综述了接收函数方法，并将其应用于全球数字化地震台网（GDSN）台站下方地壳结构的研究。Park 和 Levin[247]提出使用多尖灭校正估计的接收函数频率域反演算法。国内的学者在接收函数方面也开展了大量的工作，并取得一系列成果。刘启元等[248]在 1996 年利用接收函数复谱比的最大或然性反褶积原理，从三分量远震 P 波资料中获取接收函数，并基于 Tarantola 的波形反演理论发展了频率域的非线性反演方法。吴庆举等[249-251]提出时间域的 Wiener 滤波反褶积和最大熵谱反褶积，以及频率域多道反褶积算法；司少坤等[252]引入多正弦窗，提取稳定性好、精度高的接收函数。

　　将地震勘探中发展成熟的偏移成像技术应用到天然地震观测数据处理中,研究地壳上地幔速度间断面的横向变化特征,是远震 P 波接收函数的一个重要发展方向。此外,射线路径相同或者相近的接收函数叠加,能够减弱远震波形数据的随机噪声干扰,增强有效震相的信噪比。Yuan 等[253]在接收函数研究中引入了勘探地震中的动校正(Moveout)技术,从而提高了偏移成像结果的分辨率。Dueker 和 Sheehan[254]率先提出了接收函数共中心点叠加技术,Schimmel 和 Paulssen[255]提出了相位加权叠加方法,Kosarev 等[256]将共转换点叠加方法应用于 INDEPTH 宽频带地震资料,发现了印度板块向北俯冲的地震学证据。自此,接收函数偏移叠加方法得到了学界的广泛关注和认同。Sheehan 等[257]提出了一种基于简化衍射理论的偏移成像方法。为了适应介质速度的横向变化,发展了基于波动方程的接收函数偏移成像方法,如基于相屏理论的接收函数叠后偏移方法[258],接收函数的克希霍夫 2D 偏移方法[259]等。

　　波速比(泊松比)相对于单独使用 P 波和 S 波速度更能够反映地球内部物质构成和动力学演化信息[260]。Zandt 和 Ammon[261]以及 Zhu 和 Kanamori[262]利用接收函数 Ps 转换震相和相应的多次波震相,提出 H $-$ κ 网格搜索和叠加方法,可以求取地壳厚度和地壳平均波速比 $v_p/v_s$,并进一步估计介质泊松比 $\sigma$。Kaviani 和 Rümpker[263]提出了新的基于各向异性介质的 H $-$ κ 网格搜索方法。

　　非均匀性和各向异性的存在使得接收函数切向分量产生明显的能量,因此接收函数切向分量可以应用于研究介质的横向非均匀性和各向异性性质[142, 264 – 268]。Langston[240]、Zhang 和 Langston[269]以及 Zhu 等[270]分别利用倾斜界面模型模拟了实际研究区域的接收函数。Savage[265]提出了倾斜界面和各向异性介质对接收函数影响的异同。Chen 等[142]和孙长青等[268]分别利用接收函数对青藏高原东缘及其邻区和云南地区的地壳各向异性开展了研究。

　　类似于远震 P 波接收函数,Farra 和 Vinnik[271]首先从远震 S 波波形数据中分离出 S 波接收函数。与利用远震 P 波接收函数研究地壳上地幔结构相比,S 波接收函数不易受莫霍面多次波的干扰,因此可以探测岩石圈 – 软流圈深度范围内的间断面,如莫霍面和 LAB,是 P 波接收函数的良好补充[272],被广泛应用于全球岩石圈 – 软流圈边界研究[273 - 278]。虚拟震源地震测深(VDSS)方法所利用的 SsPmp 震相,其能量强于远震 P 波接收函数的 Pms 转换震相,对莫霍面具有更高的分辨。Tseng 等[279]利用 SsPmp 震相开展了青藏高原 Hi – CLIMB 剖面莫霍面形态研究。刘震等[280]分析了 SsPmp 震相与地壳厚度、射线参数及 Pn 波速度之间的关系。

## 3.2　接收函数提取

　　远震 P 波波形数据携带大量关于震源时间函数、震源至接收点传播路径响应以及仪器响应等方面的信息。震中距在 30°～90°的远震 P 波到达接收台站下方时，可近似为陡角度的平面波入射。入射平面波传播到台站下方的速度间断面处，一部分能量形成透射的 Pp 波，另一部分能量形成强弱不等的 P – SV 型转换震相及多次反射震相 PpPs、PpSs 和 PsPs，这些震相构成了地表观测到的三分量地震记录，如图 3.1 所示。

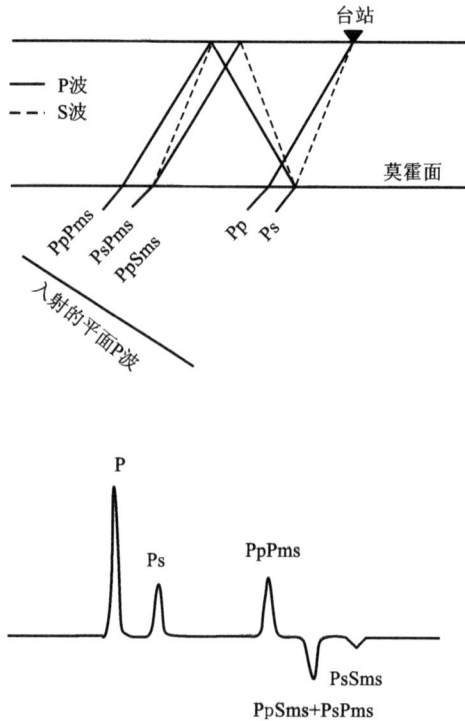

图 3.1　远震 P 波入射到速度间断面产生的 Ps 转换波及多次波震相[13]

　　根据"等效震源假定"，认为远震体波以近垂直方向入射到台站下方时，接收区介质对入射波脉冲响应（即接收函数）的垂向分量可近似为一个 Dirac 函数[240]。理论计算和实际资料表明，30°～90°震中距范围内的远震 P 波垂向分量主要为直达的 P 波，可表示为尖脉冲的震源时间函数和仪器响应的褶积，且后续的多次反射波和转换波震相能量较弱，可忽略不计[281]。通过水平分量的转换波对直达 P 波的反褶积，去除不同震源时间函数的影响，可获得仅包含接收区介质结构信息的接收函数。

　　远震 P 波接收函数提取主要包括坐标旋转和反褶积两个步骤。实际资料中，地震仪器记录一般采用 Z – N – E 右手坐标系，接收函数分析中通常需要将原始三分量地震记录旋转到 Z – R – T(垂向 – 径向 – 切向)坐标系下。

　　同时,也可以利用 P 波入射角将 Z – R – T 分量旋转到 L – Q – T 射线坐标系,如图 3.2 所示。其中,L 指向 P 波入射方向,Q 垂直于 L 指向远离震源的方向,T 为右手坐标系的第三个方向。P 波能量主要集中在 L 分量,而 Q 和 T 分量分别包含 SV 波和 SH 波的能量[159,272]。

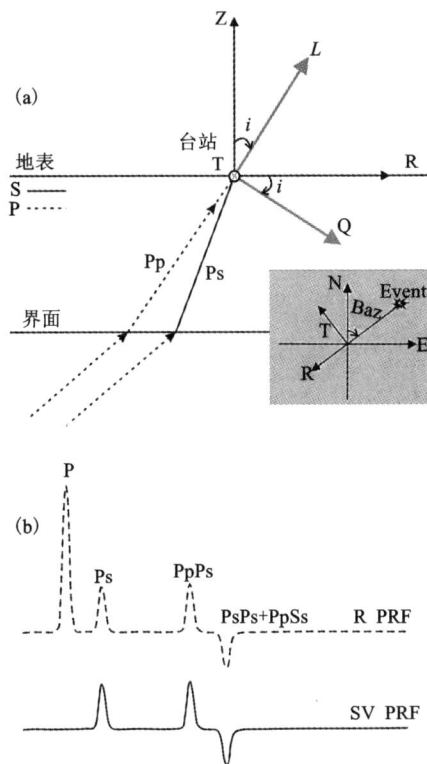

**图 3.2　接收函数的坐标旋转示意图[159]**

(a)坐标系之间的转换关系;(b)对应(a)中模型理论合成的接收函数波形

其中,$i$ 为 P 波入射角,Baz 为反方位角,R PRF 和 SV PRF 分别对应 ZRT 和 LQT 坐标系。

坐标旋转关系可表示为:

$$\begin{cases} D_R(t) = -N(t)\cos(\text{Baz}) - E(t)\sin(\text{Baz}), & L(t) = D_V(t)\cos i + D_R(t)\sin i \\ D_T(t) = N(t)\sin(\text{Baz}) - E(t)\cos(\text{Baz}), & Q(t) = -D_V(t)\sin i + D_R(t)\cos i \end{cases}$$

$$(3.1)$$

　　在时间域,三分量远震 P 波可以表示为仪器响应、震源时间函数以及沿传播路径的介质响应的褶积[239],即:

$$\begin{cases} D_V(t) = I(t) * S(t) * E_V(t) \\ D_R(t) = I(t) * S(t) * E_R(t) \\ D_T(t) = I(t) * S(t) * E_T(t) \end{cases} \quad (3.2)$$

式中，$D(t)$ 为远震 P 波波形数据，$S(t)$ 代表入射平面波的有效震源时间函数，$I(t)$ 代表仪器脉冲响应，$E(t)$ 代表介质结构响应，下标 V、R、T 分别代表垂向、径向和切向分量。根据等效震源假定，介质结构响应的垂向分量 $E_V(t)$ 可近似为一个 Dirac 函数，即：

$$E_V(t) \approx \delta(t) \quad (3.3)$$

地表位移的垂向分量可以表示为仪器响应和有效震源时间函数的褶积，即：

$$D_V(t) \approx I(t) * S(t) \quad (3.4)$$

将式(3.4)代入式(3.2)，地表位移的径向和切向分量可表示为：

$$\begin{cases} D_R(t) = D_V(t) * E_R(t) \\ D_T(t) = D_V(t) * E_T(t) \end{cases} \quad (3.5)$$

式中，时间序列 $E_R(t)$ 和 $E_T(t)$ 分别为径向和切向接收函数。

### 3.2.1 频率域提取

频率域提取接收函数的方法比较简单，根据时域卷积定理，式(3.5)在频率域可表达为：

$$\begin{cases} E_R(\omega) = \dfrac{D_R(\omega)}{I(\omega) * S(\omega)} \approx \dfrac{D_R(\omega)}{D_V(\omega)} \\ E_T(\omega) = \dfrac{D_T(\omega)}{I(\omega) * S(\omega)} \approx \dfrac{D_T(\omega)}{D_V(\omega)} \end{cases} \quad (3.6)$$

式中，$D_V(\omega)$、$D_R(\omega)$、$D_T(\omega)$ 分别表示时间序列 $D_V(t)$、$D_R(t)$、$D_T(t)$ 的傅里叶变换谱。将 $E_R(\omega)$、$E_T(\omega)$ 做傅里叶逆变换，即可得到时间域的接收函数表示。

由于实际观测资料的频带有限，且包含随机噪声，式(3.6)中的分母(即地表位移的垂向分量频谱)可能含有近零成分，导致频率域除法的不稳定。代表性的处理方法是 Helmberger 和 Wiggins[282] 提出的"水准量反褶积(Water Level Deconvolution)"方法：

$$\begin{cases} \overline{E}_R(\omega) = \dfrac{D_R(\omega)\overline{D}_V(\omega)}{\varphi(\omega)}G(\omega) \\ \overline{E}_T(\omega) = \dfrac{D_T(\omega)\overline{D}_V(\omega)}{\varphi(\omega)}G(\omega) \end{cases} \quad (3.7)$$

式中，

$$\varphi(\omega) \approx \max\{D_V(\omega)\overline{D}_V(\omega), c \cdot \max[D_V(\omega)\overline{D}_V(\omega)]\} \quad (3.8)$$

$$G(\omega) = \xi\, e^{-\frac{\omega^2}{4\alpha^2}} \tag{3.9}$$

式中, $\overline{D}_V(\omega)$ 是 $D_V(\omega)$ 的复共轭; $c$ 为常数, $0 < c < 1$, 与数据噪声有关, 由经验选择; $\varphi(\omega)$ 为水准量, 表明用水准量代替小于水准量的谱振幅, 以压制近零成分, 使得频率域除法趋于稳定(如图 3.3 所示); $\alpha$ 为滤波因子, 也称高斯系数, 控制频谱带宽; $\xi$ 为归一化常数; $G(\omega)$ 为高斯低通滤波器, 以消除高频噪声成分。

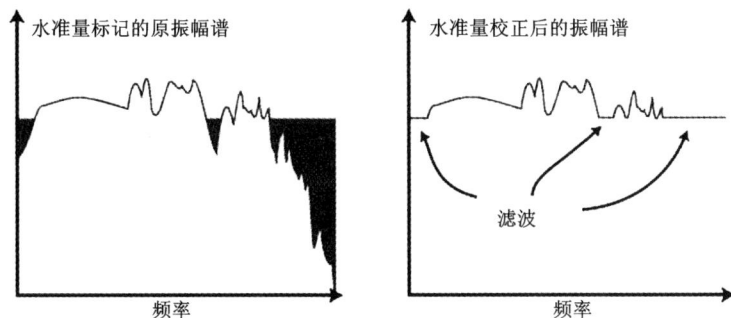

**图 3.3　水准量反褶积方法示意图**

(据 http://eqseis.geosc.psu.edu/~cammon/HTML/RftnDocs/seq01.html)

因此, 接收函数在时间域可以表示为:

$$E_R(t) = \frac{1}{2\pi}\int \frac{D_R(\omega)\,\overline{D}_V(\omega)}{\varphi(\omega)} G(\omega)\, e^{i\omega t}\mathrm{d}\omega \tag{3.10}$$

由于噪声的不同频率分量可能不同, 且式(3.8)中的常数 $c$ 不随频率而变化, 引入的水准量虽然保证了频率域除法的稳定性, 但可能会降低接收函数的分辨率。为此, 可以通过多种反褶积方法来克服这些固有缺陷, 提高接收函数测量的分辨率, 如上文提到的接收函数复谱比的最大或然性估计方法[248]、时间域 Wiener 滤波反褶积、最大熵谱反褶积及频率域多道反褶积方法[249-251] 等。

## 3.2.2　时间域提取

接收函数的提取可以在频率域实现, 也可以在时间域实现。当地震记录信噪比很高时, 两种方式提取的接收函数基本相同; 当数据信噪比较低时, 时间域提取方法效果更好。本书在第 4 章采用了 Ligorría 和 Ammon[283] 提出的时间域迭代反褶积算法, 具体原理和计算方法如下:

在远震 P 波接收函数提取中, 时间域迭代反褶积方法以台站记录的水平分量与由迭代更新的尖脉冲和垂向分量褶积所产生的预测信号之间的差异进行最小二乘拟合为基础。以径向接收函数提取为代表, 同样适用于切向接收函数, 具体过程为：首先对台站记录的垂向分量和径向分量做互相关，估计接收函数中第一个也是最大脉冲的延迟时间（最佳时间是互相关信号中绝对意义上的最大峰值）。通过 Kikuchi 和 Kanamori[284] 提出的简单方程估计最大脉冲的幅值，然后将这个尖脉冲序列当作接收函数，从径向分量中减去现在估计的接收函数和垂向分量的褶积，并重复该过程来估计其他后续尖脉冲的延迟时间和振幅。对于每个尖脉冲，迭代过程中径向分量与垂向分量和接收函数的褶积之间的失配值减小，当失配值变化不明显时迭代停止。时间域迭代反褶积方法可以保留接收函数的绝对振幅信息。

## 3.3　接收函数反演

远震 P 波接收函数包含台站下方介质结构的响应，其波形主要由速度间断面产生的 Ps 转换震相及后续的多次反射波组成。接收函数震相的到时实际上是其与直达 P 波的到时差，取决于地表到速度界面间的速度结构、转换界面的深度以及射线参数，震相的振幅取决于转换界面处的速度梯度。因此，可以利用接收函数波形反演台站下方的 S 波速度结构。

接收函数反演面临的突出问题是非线性和解的非唯一性，其结果强烈依赖初始模型[13, 243]。

对于非线性问题，目前主要有两种主流处理方法：一种是将非线性问题转化为线性反演问题。另一种是直接进行非线性反演，如利用模拟退火算法（Simulation Algorithm，SA）、遗传算法（Genetic Alorithm，GA）、邻近算法（Neighborhood Algorithm，NA）、贝叶斯 – 蒙特卡洛方法（Bayesian Monte – Carlo）等[285 – 288] 全局优化算法。

对于解的非唯一性问题：一方面发展了多种反演方法，如接收函数复谱比的非线性反演[248]、小波变换[289] 等方法来克服这一问题。另一方面，可以利用不同地球物理探测手段对不同的介质参数敏感这一特征，共同约束待求的地震学参数，例如 P 波接收函数和 S 波接收函数联合反演[290]、接收函数与面波频散联合反演[13 - 15, 291]、接收函数与大地电磁数据联合反演[292] 等。多种地球物理参数的联合反演，可以充分利用其在介质速度结构研究上的互补性，有效抑制解的非唯一性，获得更可靠的地下结构信息。

## 3.4　接收函数与面波频散联合反演

接收函数和面波成像是研究地球壳幔结构的基本方法。接收函数是求取台站下方介质对近垂直入射远震体波的脉冲响应的一种地震学方法[293]，因而具有对界面敏感、横向分辨率高的优点。地震面波是由地震体波超临界反射并相互叠加后形成的、沿自由表面或界面传播的干涉型地震波（主要包括 Rayleigh 波和 Love 波两种基本类型）。面波具有频散特性，即不同频率的面波，在沿界面横向传播的过程中，具有不同的穿透深度，具有对介质横波速度变化敏感、垂向分辨率高的优点。无论是从传播方式，还是从形成机理角度，这两种方法具备相互结合提高壳幔结构重建精度和可靠性的天然优势[13-15]。自 Shapiro 和 Campillo[153] 首次利用双台互相关法从环境噪声连续地震记录提取出瑞利面波信号以来，该方法快速得到普及，目前已经成为重建高分辨率壳幔结构的主流方法之一。

接收函数与面波频散联合反演具备较强的可行性[13]，其线性反演实现过程具体如下：

无论利用接收函数还是面波频散反演介质的 S 波速度，其本质都是把所含信息转换成简化的层状模型。正问题可表达为：

$$y = F[x] \tag{3.11}$$

式中，$y$ 为 $N$ 维的接收函数和面波观测数据矢量；$x$ 为 $M$ 维的模型空间矢量，在模型层厚固定的情况下，$x$ 可以代表横波速度；$F[\ ]$ 为非线性算子，将模型空间映射到数据空间。通常，非线性问题式（3.11）可以通过下式转换为线性方程，进行迭代反演求解：

$$\begin{cases} \delta y = \nabla F|_{x_n} \cdot \delta x_n \\ x_{n+1} = x_n + \delta x_n \end{cases} \tag{3.12}$$

式中，$\delta x_n = x - x_n$ 代表模型校正矢量，$\delta y = y - F[x_n]$ 代表数据残差矢量，$\nabla F|_{x_n}$ 代表线性反演算子。根据广义反演理论[294, 295]，利用线性反演算子的广义逆 $(\nabla F|_{x_n})^{-g}$ 求解式（3.12），如：

$$\delta x_n = (\nabla F|_{x_n})^{-g} \cdot \delta y \tag{3.13}$$

求解上述反演算子，Russell[296] 采用差分阻尼最小二乘法使目标函数取值最小，即：

$$\varphi = \|\delta y - \nabla F|_{x_n} \cdot \delta x_n\|^2 + \theta^2 \|D \cdot \delta x_n\|^2 \tag{3.14}$$

式中，$D \cdot \delta x_n$ 代表相邻层间 S 波速度扰动的一阶差分矢量，$\theta^2$ 代表分辨率与稳定性间的折衷系数，矩阵 $D$ 为：

$$D = \begin{pmatrix} 1 & -1 & 0 & \cdots & 0 \\ 0 & 1 & -1 & \cdots & 0 \\ 0 & 0 & 1 & \cdots & 0 \\ \vdots & \vdots & \vdots & & \vdots \\ 0 & 0 & 0 & \cdots & 1 \end{pmatrix} \tag{3.15}$$

Julià 等[13] 定义联合反演预测误差为：

$$E_{y|x} = \frac{p}{N_y} \sum_{i=1}^{N_y} \left( \frac{y_i - \sum_{j=1}^{M} Y_{ij} x_j}{\sigma_{y_i}} \right)^2 + \frac{1-p}{N_z} \sum_{i=1}^{N_z} \left( \frac{z_i - \sum_{j=1}^{M} Z_{ij} x_j}{\sigma_{z_i}} \right)^2 \quad (3.16)$$

式中，$y_i$ 为面波频散残差，$Y_{ij}$ 为面波频散偏微分矩阵；$z_i$ 为接收函数残差，$Z_{ij}$ 为接收函数偏微分矩阵；$N_y$、$N_z$ 分别为两套数据的观测点数，若两套数据相互独立，则 $\sigma_{y_i}$、$\sigma_{z_i}$ 为相应的协方差；$p$ 为两套数据的权重系数，取值范围为 $0 \leqslant p \leqslant 1$。由于受到噪声干扰，对于同一初始模型而言，数据 $y$ 和 $z$ 反演得到的模型 $x(y)$ 和 $x(z)$ 虽然接近，但并不完全相等。为均衡两套数据对联合反演预测误差的贡献，求取式（3.16）联合反演预测误差的最优解，引入权重系统方程：

$$\begin{pmatrix} \alpha_1 \, y_1 \\ \vdots \\ \alpha_{N_y} y_{N_y} \\ \beta_1 \, z_1 \\ \vdots \\ \beta_{N_z} z_{N_z} \end{pmatrix} = \begin{pmatrix} \alpha_1 \, Y_{11} & \alpha_1 \, Y_{12} & \cdots & \alpha_1 \, Y_{1M} \\ \vdots & \vdots & & \vdots \\ \alpha_{N_y} Y_{N_y 1} & \alpha_{N_y} Y_{N_y 2} & \cdots & \alpha_{N_y} Y_{N_y M} \\ \beta_1 \, Z_{11} & \beta_1 \, Z_{12} & \cdots & \beta_1 \, Z_{1M} \\ \vdots & \vdots & & \vdots \\ \beta_{N_z} Z_{N_z 1} & \beta_{N_z} Z_{N_z 2} & \cdots & \beta_{N_z} Z_{N_z M} \end{pmatrix} \begin{pmatrix} x_1 \\ x_2 \\ \vdots \\ x_M \end{pmatrix} \quad (3.17)$$

式中，$\alpha_i^2 = \dfrac{p}{N_y \sigma_{yi}^2}$，$\beta_i^2 = \dfrac{1-p}{N_z \sigma_{zi}^2}$。每次迭代过程中，通过使式（3.14）目标函数 $\varphi$ 达到最小化来分别求解反演算子，再由式（3.16）实现预测误差 $E_{y|x}$ 最小。

当权重系数 $p = 0$ 时，接收函数与面波联合反演退化为单一的接收函数波形反演；而当 $p = 1.0$ 时，则退化为单一的面波频散反演。理论计算和实际资料表明，接收函数和面波频散的联合反演，比单纯利用接收函数或面波频散反演更稳定，反演结果与真实模型更接近，因而可以更好地约束介质的 S 波速度结构。

# 第 4 章　峨眉山大火成岩省二维地壳速度结构研究

## 4.1　数据来源

2010 年 11 月至 2013 年 4 月，在国家 973 计划项目的支持下实施了峨眉山大火成岩省人工地震测深、宽频带地震台阵探测、密集重力/地磁剖面测量等系列综合地球物理探测，如图 4.1 所示(相应彩图请扫描二维码)。本章利用峨眉山大火成岩省宽频带地震台阵(COMPASS‒ELIP)，以及位于台阵所在廊带内的云南、四川区域数字地震台网部分固定台站的资料(如图 4.2 所示，相应彩图请扫描二维码)，基于分格加权叠加策略实现接收函数和环境噪声面波频散数据的信息来源和分辨尺度协同，进而开展联合反演，重建峨眉山大火成岩省及邻区的二维地壳横波速度结构。

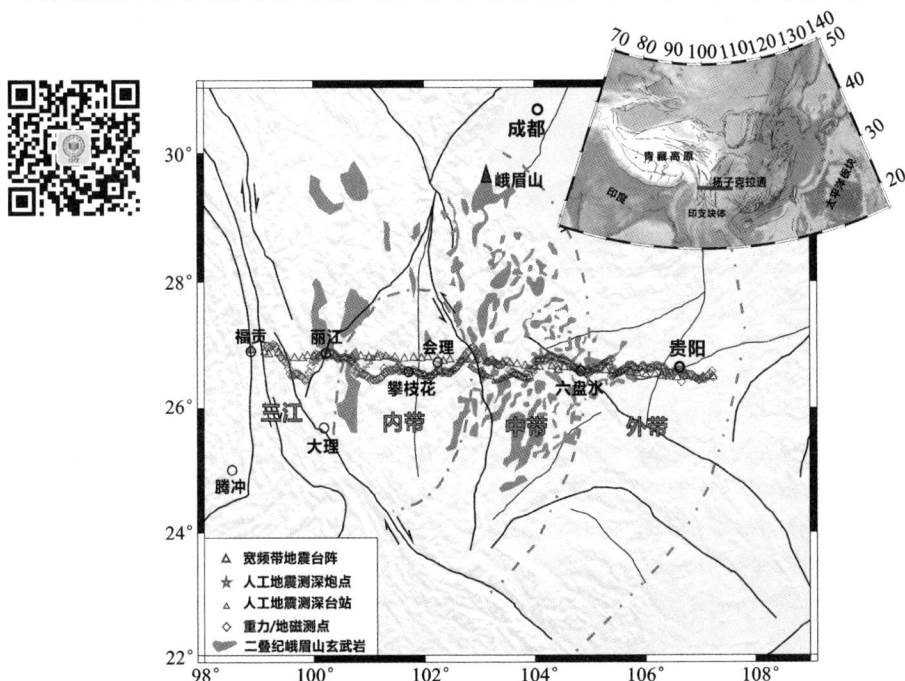

图 4.1　峨眉山大火成岩省深部地球物理探测剖面位置图

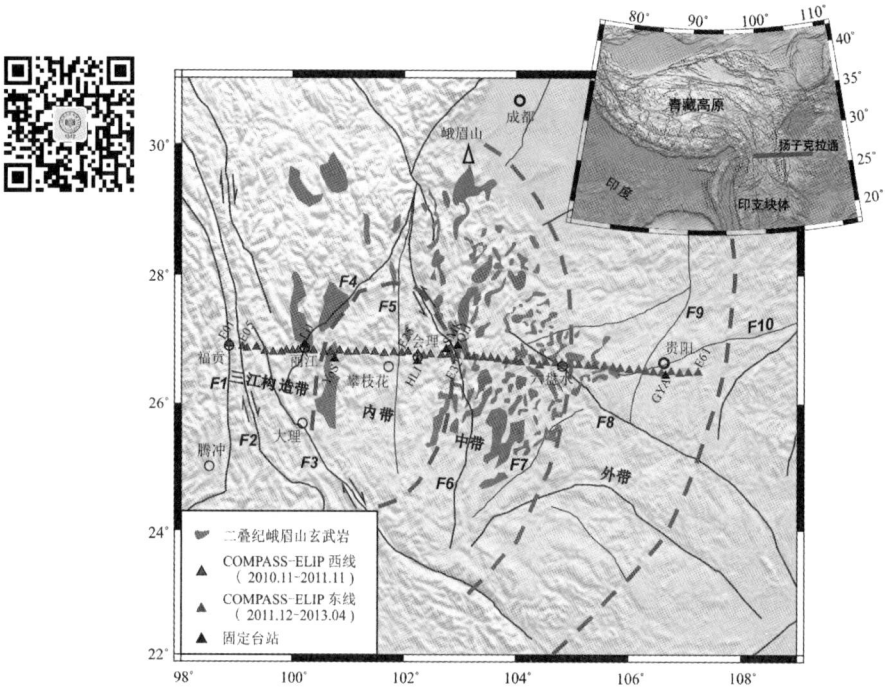

**图 4.2　二叠纪峨眉山玄武岩分布及 COMPASS – ELIP 剖面宽频带地震台站位置图**

绿色所示为晚二叠纪峨眉山玄武岩，红色三角形所示为 COMPASS – ELIP 剖面宽频带流动台站，蓝色三角形所示为本章研究用到的云南、四川区域地震台网的部分固定台站。蓝色虚线代表二叠纪峨眉山玄武岩的下伏岩层——茅口组灰岩的差异剥蚀分界线[21]。F1：怒江断裂；F2：澜沧江断裂；F3：哀牢山—红河断裂（ARF）；F4：丽江—小金河断裂（LXF）；F5：绿汁江—元谋断裂（LYF）；F6：小江断裂（XJF）；F7：师宗—弥勒断裂（SZF）；F8：水城—紫云断裂（SZF）；F9：遵义—贵阳断裂；F10：镇远—贵阳断裂。

　　COMPASS – ELIP 剖面大致沿北纬 27°东西向展布，西起滇西福贡，东至贵州贵定，横跨三江构造带和峨眉山大火成岩省的内带—中带—外带，全长约 850 km。沿剖面布设了 59 个宽频带地震台站，采集器型号为 Reftek – 130，拾振计型号为 CMG3 – ESP（50 Hz – 30 s/60 s），平均台间距约 15 km。整个测线分两期布设，西线 29 个台站（E01 ~ E31，其中 E03、E04 设计点位位于滇西怒山，因受地形阻隔最终放弃布设），观测时间从 2010 年 11 月至 2011 年 11 月；东线 30 个台站（E32 ~ E61），观测时间从 2011 年 12 月至 2013 年 04 月。

　　此外，还收集了云南、四川区域地震台网所属的 6 个固定台站（GYA、HLI、LiJ、QiJ、SMK、YoS）于 2010 年 11 月至 2013 年 4 月期间的连续波形记录。上述 6 个固定台站位于 COMPASS – ELIP 剖面所在廊带内，连续记录时间完全涵盖东、西两期观测，这些资料的加入，不仅进一步充实了可供利用的基础数据，更重要的是，为有效弥合由于西线、东线两期流动台阵资料观测时段不一致所导致的互相关计算及射线覆盖的分段性提供了有利条件。

## 4.2　环境噪声面波频散

基于环境噪声的面波成像方法不依赖于特定地震事件，目前已经成为获取地球不同尺度结构信息，尤其是高分辨率地壳结构的基本方法之一[153, 162, 297–299]。噪声源在均匀随机分布的条件下，将位置不同的两个台站记录的同一分量、同一时段连续资料进行互相关计算，并将多个时段互相关计算的结果进行叠加，即可提取台站对之间地球介质的高信噪比面波经验格林函数，通过提取面波频散进而开展高分辨率地壳结构成像研究[162, 205]。

### 4.2.1　经验格林函数计算

将 COMPASS – ELIP 剖面的 59 个流动台站、邻近剖面的 6 个固定台站的垂直分量连续波形记录，逐台进行数据预处理，主要包括去线性趋势、去均值、去仪器响应、带通滤波、振幅归一化、谱白化等[205]。为了提高计算效率，重采样间隔为 1 s，截取时间长度为 24 h。

针对预处理后的不同台站垂直分量资料，两两台站之间进行观测时段配对，将匹配后的两个台站各自预处理后的连续波形记录，进行互相关和叠加计算。理论上来说，在噪声源均匀随机分布的条件下，互相关函数的正负两支应该是对称的。但实际噪声源分布的不均匀性，会导致正负时间信号振幅的不对称，取正负半轴信号进行反序叠加作为台站对间的经验格林函数。图 4.3（a）展示了台站 E25 与其他台站互相关和叠加计算得到的垂向分量经验格林函数。

### 4.2.2　群速度频散测量

基于多重窗时频分析方法[232, 235]提取 4 s 至 50 s 周期范围内合成能量突出、信噪比较高的基阶瑞利面波群速度频散曲线共 826 条，有效台间距范围为 50 km 至 750 km。图 4.3（b）、（c）展示了台站对 E01 – E25 的垂向分量信号和群速度频散测量的实例。各个周期最终可用的射线路径数如图 4.4 所示，可见在整个周期范围内射线数目较多，尤其是周期小于 30 s 的射线路径条数超过了 600 条，周期为 50 s 的射线路径条数仍可达到 200 条左右。

为了评估提取的面波频散对应周期（4 ~ 50 s）在深度上的探测能力，基于研究区域壳幔结构模型，即平均莫霍面深度设为 48km[115]，地壳速度参考 CRUST1.0模型[300]，上地幔速度参考 AK135 模型[301]，计算了相应的基阶瑞利波群速度敏感核函数，如图 4.5 所示。可知，不同周期的瑞利波对不同深度范围介质的 S 波速度结构敏感，周期越大，穿透深度越大。5～20 s 周期的群速度主要受上地壳结构的影响，30～40 s 周期的群速度主要受中、下地壳结构的影响，大于40 s 周期的群速度则主要受到下地壳和上地幔顶部结构的影响。总体上，本章所使用的群速度周期范围(4～50 s)，已能够满足地壳结构重建的需求。

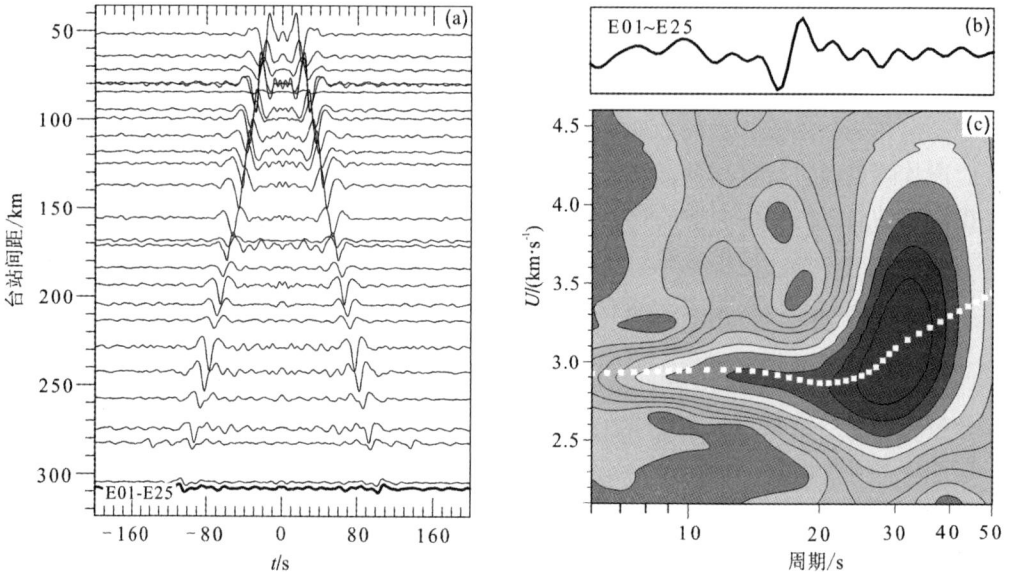

**图 4.3　台站 E25 的垂向分量信号及瑞利波频散测量实例**

(a)台站 E25 与其他台站互相关和叠加计算得到的垂向分量经验格林函数(带通滤波范围：10～50 s)；(b)台站对 E01～E25 垂向分量信号；(c)台站对 E01～E25 群速度频散时频分析图，台间距 308.02 km，白色点为提取的基阶频散点。

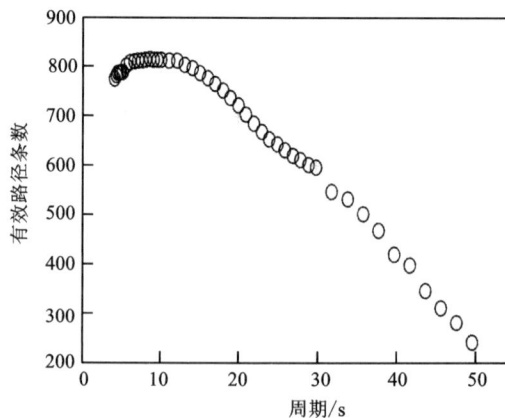

**图 4.4　各周期对应的有效射线路径数**

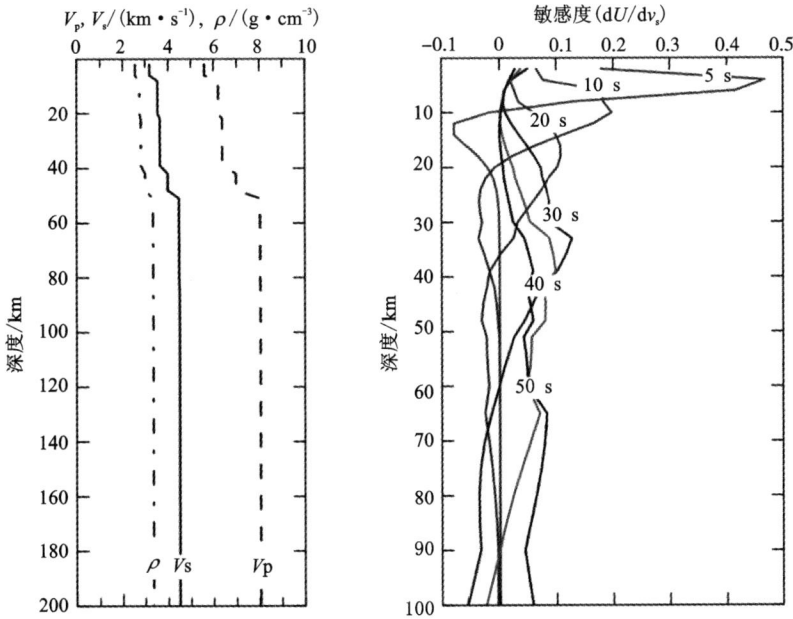

**图 4.5　不同周期的瑞利波群速度敏感核**

## 4.2.3　面波层析成像

利用 Ditmar 和 Yanovskaya[302]，Yanovskaya 和 Ditmar[303] 提出的面波层析成像方法进行分格频散反演。该方法是 Backus－Gilbert 方法在二维情况下的推广，是面波层析成像中最广泛应用的方法之一。每个周期的群速度分布求解的目标函数可以表达为：

$$\min = (\boldsymbol{d} - \boldsymbol{Gm})^{\mathrm{T}}(\boldsymbol{d} - \boldsymbol{Gm}) + \alpha \iint |\nabla \boldsymbol{m}(\boldsymbol{r})|^2 \mathrm{d}\boldsymbol{r} \qquad (4.1)$$

式中，

$$\boldsymbol{m}(\boldsymbol{r}) = [U^{-1}(\boldsymbol{r}) - U_0^{-1}]U_0 \qquad (4.2)$$

$$d_i = t_i - t_{i0} \qquad (4.3)$$

$$(\boldsymbol{Gm})_i = \iint G_i(\boldsymbol{r})\boldsymbol{m}(\boldsymbol{r})\mathrm{d}\boldsymbol{r} = \int_{l_{0i}} \boldsymbol{m}(\boldsymbol{r}) \frac{\mathrm{d}s}{U_0} \qquad (4.4)$$

$$\iint G_i(\boldsymbol{r})\mathrm{d}\boldsymbol{r} = \int_{l_{0i}} \frac{\mathrm{d}s}{U_0} = t_{i0} \qquad (4.5)$$

式中：$\boldsymbol{r} = \boldsymbol{r}(\theta, \varphi)$ 代表位置矢量；$U_0$ 代表初始模型的速度；$t_i$ 代表沿第 $i$ 条路径的观测走时；$t_{i0}$ 代表初始模型的计算走时；$l_{0i}$ 代表第 $i$ 条路径的长度；$s$ 代表参与反演的路径；α 代表正则化参数，为权衡反演模型的光滑度和反演误差的折衷系数。经过多次尝试，纯路径频散反演时的 α 取值为 0.2，既保证了模型的光滑程度，也使误差较小。考虑到 COMPASS - ELIP 剖面沿经度方向展布，故仅沿经度方向进行网格划分，最终反演获得了横向尺度为 0.3°、周期为 4 ~ 50 s 的基阶瑞利波群速度频散。

对峨眉山大火成岩省不同分带的纯路径频散求取均值和方差，可以得到四个带域的平均 Rayleigh 面波频散曲线，并反演获得相对应的平均 S 波速度结构模型，如图 4.6 所示。从图中可以发现不同分带的平均频散曲线和相应的平均 S 波速度结构差别较大。从频散曲线的速度分布来看，内带中短周期的频散速度高于其他三个分带。这种频散速度分布特征在相应的平均速度模型上对应着地壳 S 波速度整体较高，以及下地壳相对高速的特征。从频散曲线的基本形态来看，中带和外带比较相似，频散曲线在 20 s 左右显示艾里相（Airy phase）和平均大陆地壳的艾里相（约 20 s）很接近，且中带更明显；同时三江构造带在 20 s 左右也显示出弱的艾里相。平均纯路径频散曲线所显示出的艾里相，暗示可能存在低速分布，相应的平均速度模型也展示出这种特征。

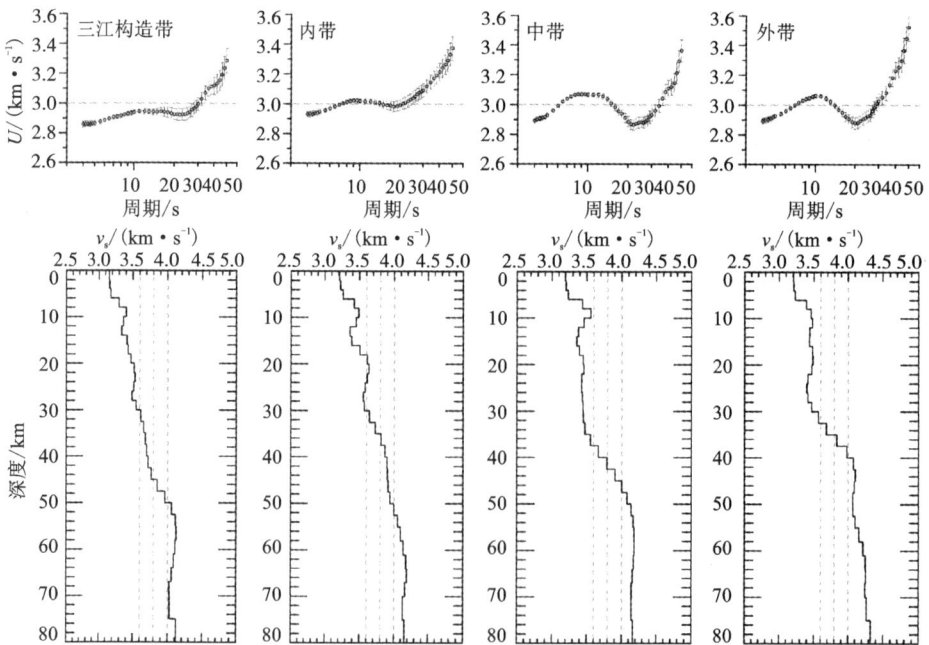

**图 4.6　不同分带的瑞利波平均频散曲线及其反演得到的 S 波速度模型**
（从左到右依次为三江构造带、内带、中带、外带）

## 4.3　接收函数

选取台站观测期间记录到的震中距在 30°~90°，震级大于 Ms 5.0 的有效远震事件 961 个（其中西线台阵记录到 518 个，东线台阵记录到 443 个），如图 4.7 所示。采用时间域迭代反褶积算法[283]计算接收函数，为了兼顾后续波形反演的分辨率和稳定性，给定高斯系数为 2.0。最终获得直达 P 波和 Pms 转换波震相清晰的高信噪比接收函数 6737 个。

**图 4.7　有效远震事件分布**

黑色圆圈对应西线台阵记录到的事件；灰色圆圈对应东线台阵记录到的事件

## 4.4 联合反演

尽管接收函数和环境噪声面波频散联合反演在重建地壳精细结构方面具备提高成像精度和可靠性的互补优势，但由于远震接收函数和面波频散在波的传播路径通道方面的差异，会存在信息来源、分辨尺度不匹配的问题。这一问题，在线性布设的剖面密集台阵资料中尤为突出。本章从远震接收函数和环境噪声面波频散两类数据对应的介质响应空间位置和分辨尺度大小出发，进行信息来源和分辨尺度方面的协同处理。

### 4.4.1 接收函数与面波频散数据匹配

图 4.8(a)给出了基于 IASP91 模型[304]计算得到远震 P 波在 Moho 面形成的转换横波(Pms)的穿透点位置，其中，Moho 面深度参考 Chen 等[115]。为了获取台站下方及其周围一定空间范围内稳定可靠、高信噪比的平均接收函数，采用共 Moho 面转换点(CMCP)叠加方法[292]，即选择以台站所在位置为中心，将 Pms 转换点位置位于某一尺度范围内的所有接收函数按一定的权系数叠加，从而获得该台的平均接收函数。为了与瑞利波频散的横向分格尺度匹配，所选取的叠加窗尺度为 0.3°×0.3°，进一步将叠加窗划分为 3×3 个边长为 0.1°的子网格，每个子网格给予不同的权重，如图 4.9(a)所示。

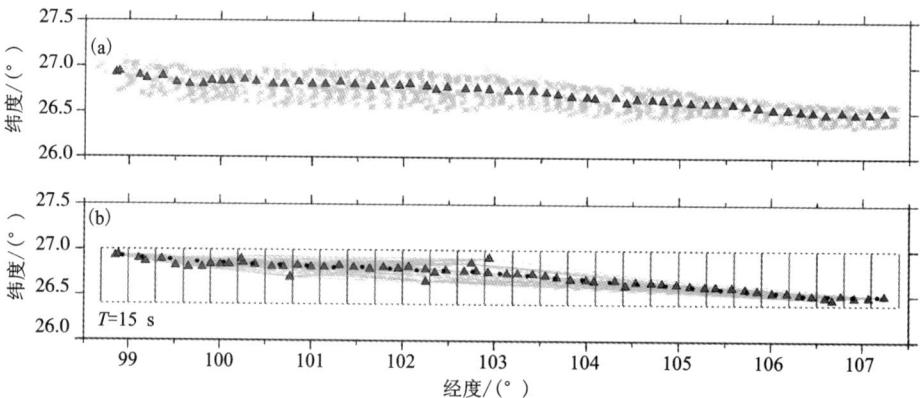

**图 4.8 远震 P 波在 Moho 面的转换横波(Pms)的转换点位置(a)和面波有效射线覆盖(b)分布图**
其中，三角所示为台站位置，(a)图中叉号所示为转换点位置；(b)图中黑色圆点所示为所在网格的频散中心点位置，实线所示为射线路径，网格所示为面波频散的分格尺度。

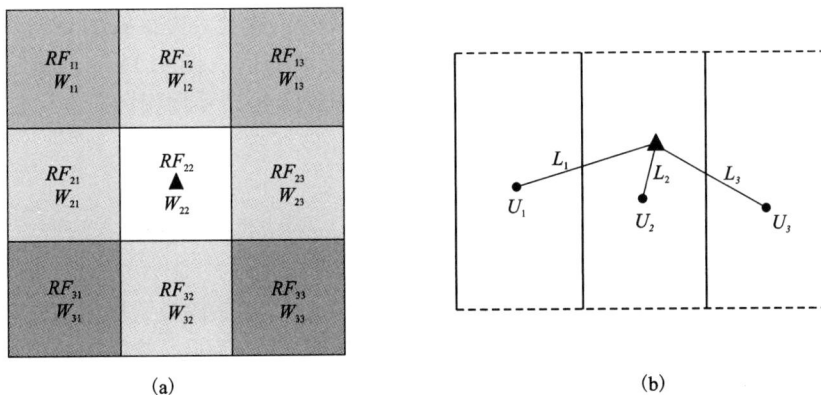

图 4.9　接收函数 CMCP 叠加(a)和面波频散加权叠加(b)示意图

其中，三角所示为台站位置，$RF_{11}$ 为 Pms 转换点位于编号 11 号子网格内的接收函数叠加后得到的平均接收函数，$W_{11}$ 为编号 11 号子网格对应的权重；$U_1$ 为 1 号网格频散，其所在位置对应网格内所有射线路径截距的平均中心点位置，$L_1$ 为台站至平均中心点的距离。其他以此类推。

接收函数 CMCP 叠加分两步：首先，分别对动校正后的、Pms 转换点位于各了网格内的接收函数进行平均，得到每个子网格对应的平均接收函数；然后，根据子网格所给权重，加权叠加所有子网格的平均接收函数，得到该台站的平均接收函数 $RF_{sta}$，即：

$$RF_{sta} = \frac{W_{11} * RF_{11} + W_{12} * RF_{12} + \cdots + W_{33} * RF_{33}}{W_{11} + W_{12} + \cdots + W_{33}} \tag{4.6}$$

式中，$RF_{11}$、$RF_{12}$、$\cdots$、$RF_{33}$ 分别表示 9 个子网格对应的平均接收函数，$W_{11}$、$W_{12}$、$\cdots$、$W_{33}$ 分别表示 9 个子网格对应的权重。依据 Pms 转换点到台站的水平距离范围，给定权重分别为：(1) $W_{22} = 1$；(2) $W_{12} = W_{21} = W_{23} = W_{32} = 1/2$；(3) $W_{11} = W_{13} = W_{31} = W_{33} = 1/3$。据此计算得到的 E28 和 E52 台站所对应的接收函数，如图 4.10(b)、(e)所示。

图 4.8(b)展示了 COMPASS - ELIP 台站分布和环境噪声面波的有效射线覆盖，以及由射线覆盖计算得到的网格频散中心点位置(所在网格内所有射线路径截距中点的平均值)。如图 4.9(b)所示，某个台站所在位置的频散，可由台站所在网格及相邻网格的频散加权得到，即：

$$U_{sta} = \frac{(1/L_1) * U_1 + (1/L_2) * U_2 + (1/L_3) * U_3}{1/L_1 + 1/L_2 + 1/L_3} \tag{4.7}$$

式中，$U_1$、$U_2$、$U_3$ 为网格频散，$L_1$、$L_2$、$L_3$ 为台站到各网格频散中心点的距离。由此计算得到 E28、E52 台站的频散曲线如图 4.10(c)、(f)所示。

基于每个台站的接收函数 Pms 转换点位置以及 Rayleigh 面波射线覆盖的实际情况，即可根据上述加权策略获得每个台站对应的平均接收函数和平均频散曲线,既可有效提高接收函数波形和面波频散曲线的信噪比,更重要的是实现了联合反演中两套数据在信息来源和空间分辨尺度上的协同。图4.11(a)、(b)分别展示了沿 COMPASS – ELIP 剖面各台站的平均接收函数和平均频散。

### 4.4.2 接收函数与面波频散联合反演

本章采用接收函数波形和面波频散的最小二乘线性联合反演方法[13, 235],获得 COMPASS – ELIP 剖面地壳 S 波速度结构。

现有研究结果表明,本章所使用的联合反演方法对初始模型依赖较小[13, 14],这很大程度上得益于接收函数和面波频散信息的联合约束。为此,给定初始模型为一维弹性半空间层状模型,共35层,如图4.10(a)、(d)所示。初始模型 P 波速度设定为 8.0 km/s,$V_p/V_s$ 设为 1.75。密度参考经验公式 $\rho = 0.77 + 0.32 * V_p$[305]。具体反演过程中,首先以面波频散为主[式(3.16)中权重因子 $p = 1.0$]迭代反演 25 次,获得一个光滑的背景速度结构,作为下一步反演的初始模型。然后,令 $p = 0.6$ 和 0.4(增大接收函数波形约束的权重),分别迭代 15 次和 20 次,最终获得联合反演的最优解。其中,接收函数波形的拟合误差一般小于 0.001,面波频散曲线的拟合误差一般小于 0.01 km/s。

图4.10 展示了台站 E28、E52 的联合反演实例。可见,经历上述多次迭代反演之后,即可很好地同时拟合接收函数波形和面波频散曲线。图中 Moho 深度参考该台站的接收函数 $H - \kappa$ 叠加的结果[115]。

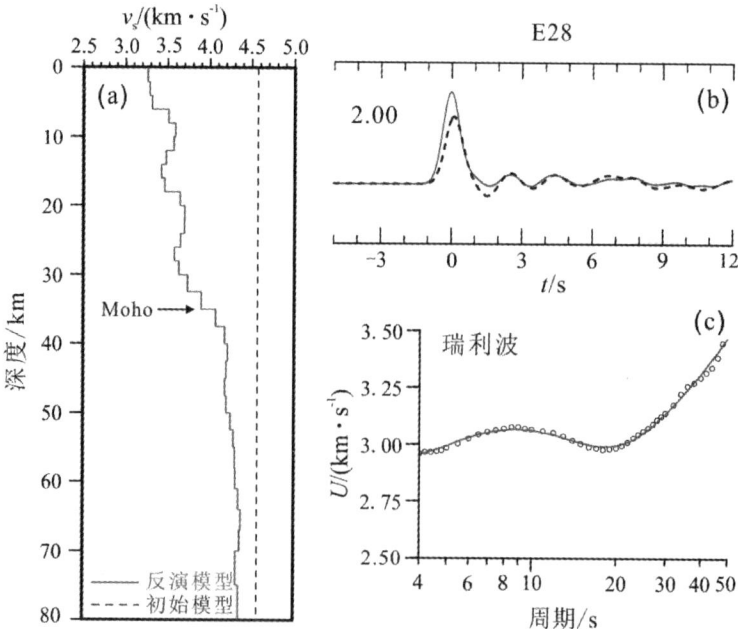

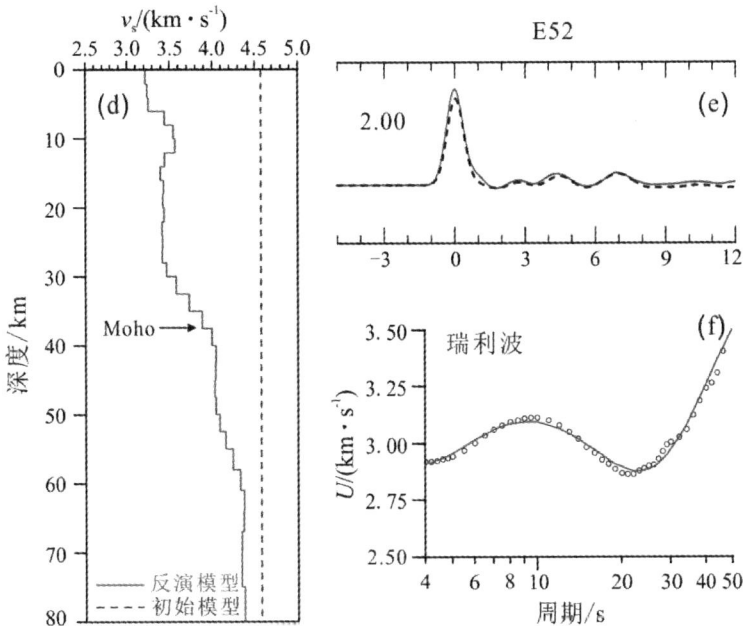

**图 4.10　台站 E28、E52 的联合反演实例**

（a）（d）虚线表示初始速度模型，实线为反演获得的 S 波速度模型；（b）（e）虚线表示观测的接收函数，实线表示正演计算的接收函数；（c）（f）圆圈表示观测的面波频散，曲线表示正演计算的频散。

## 4.5　二维横波速度结构特征

通过接收函数与瑞利波频散的联合反演，逐一获得 COMPASS‒ELIP 实验每个台站所在位置的一维 S 波速度结构，进而通过横向插值，最终获得剖面下方的二维地壳 S 波速度结构，如图 4.11（c）所示。成像结果所显示的主要特征如下：

（1）丽江—小金河断裂带（LXF）和水城—紫云断裂带（SZF）所在地域的浅部呈现明显的低速（$v_s < 3.2$ km/s），意味着这些断裂带附近沉积层较厚（约 10 km）。丽江—小金河断裂带和水城—紫云断裂带的东西两侧，中、上地壳（30 km 以浅）存在明显的低速层［图 4.11（c）中 LV1 和 LV2 所示］，尤其是位于中带东侧—外带西侧的中地壳低速层（LV2）尤为明显。以上特征与接收函数波形［图 4.11（a）］、瑞利波群速度分布［图 4.11（b）］特征等具有很好的对应性。

（2）三江地区和内带中—下地壳分层明显（约 30 km 深度处），内带中、下地壳速度较高，且下地壳存在非常明显的高速异常［如图 4.11（c）中 HV 所示，$v_s$ 为 3.8~4.2 km/s］，顶界面深度约 35 km，与接收函数 CCP 叠加剖面[115]所确定的底侵顶界面（UI）以及人工地震测深[94]揭示的下地壳高速异常［如图 4.11（d）所示，$v_p$ 约为 7.0 ~ 7.2 km/s)均具有很好的对应性。

(3)外带和中带东侧上地幔顶部速度较其他区域略高($v_s > 4.3$ km/s)，此特征与人工源地震测深资料揭示的特征[图4.11(d)]较为一致。

(4)总体上，地壳平均 S 波速度[图4.11(e)实线所示]沿剖面呈现出自西向东先增大后减小的分带性：三江构造带 3.5 ~ 3.6 km/s，内带 3.6 ~ 3.8 km/s，中带 3.5 ~ 3.6 km/s，外带 3.4 ~ 3.6 km/s，与地壳平均 P 波速度[94][图4.11(e)虚线所示]的变化趋势较为一致。

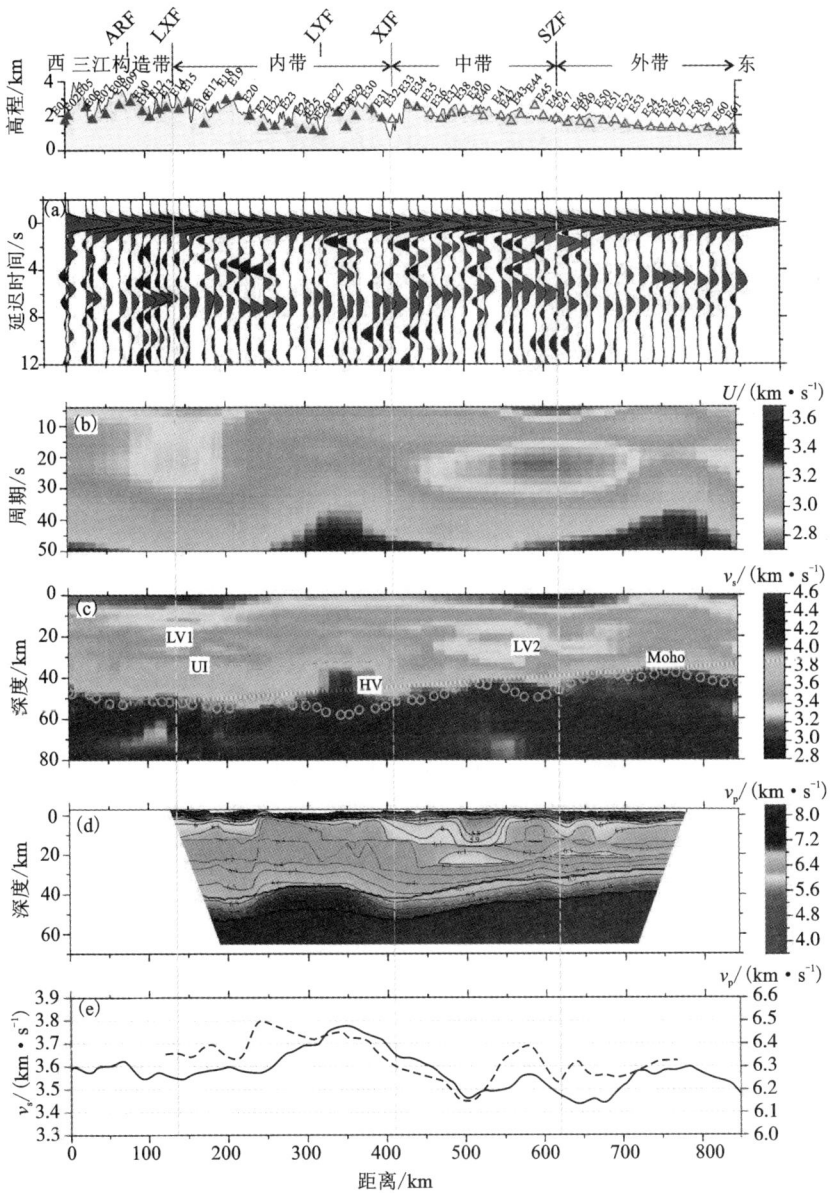

**图 4.11　二维地壳速度结构分布图(相应彩图请扫描二维码)**

(a)COMPASS - ELIP 剖面各台站的平均接收函数;(b)平均频散;(c)联合反演获得的地壳 S 波速度结构;

(d)人工地震测深揭示的地壳 P 波速度结构[94];(e)由联合反演结果计算得到的地壳平均 S 波速度(实线)

和人工地震测深结果计算得到的地壳平均 P 波速度[94](虚线)。其中,HV 所示为高速异常,LV1、LV2 所

示为低速异常;底侵界面 UI 和 Moho 面深度参考 Chen 等[115]。图件上方所示为沿剖面地形及台站位置分

布

# 第 5 章　峨眉山大火成岩省三维地壳速度结构研究

## 5.1　数据来源

　　为进一步揭示二维剖面所展示的速度结构特征在三维空间内的展布形态，本章综合利用峨眉山大火成岩省宽频带地震台阵（COMPASS – ELIP），以及云南、四川区域数字地震台网的资料（如图 5.1 所示，相应彩图请扫描二维码），开展环境噪声面波成像研究，重建峨眉山大火成岩省三维地壳速度结构。考虑峨眉山大火成岩省和地震台站的实际分布情况，确定研究区域范围为（21°N—34°N，97°E—108°E）。

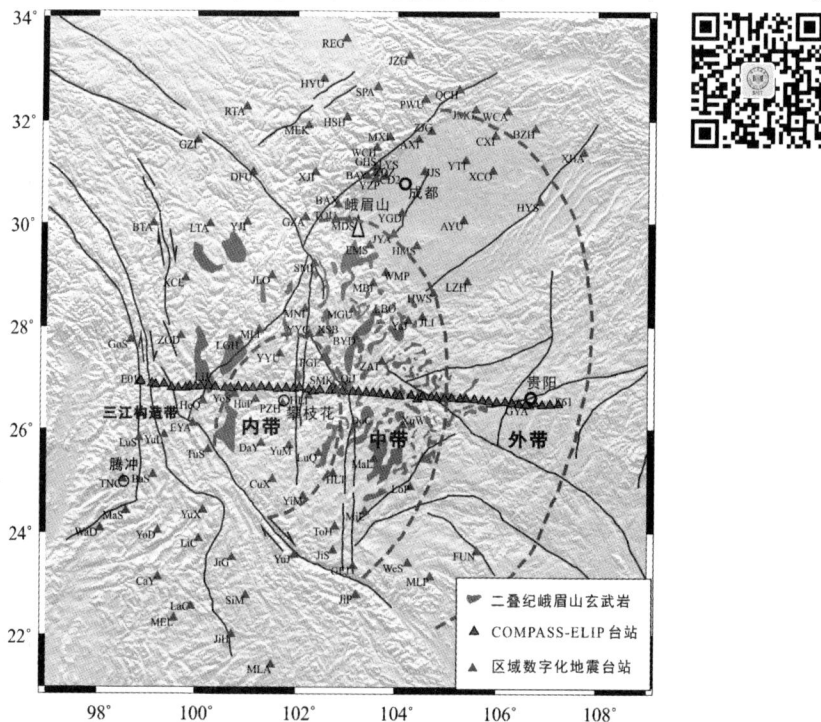

**图 5.1　二叠纪峨眉山玄武岩分布及宽频带地震台站位置图**

绿色所示为晚二叠纪峨眉山玄武岩，黑边红色三角形所示为 COMPASS – ELIP 剖面宽频带流动台站，纯红色三角形所示为云南、四川区域数字化地震台站。蓝色虚线代表二叠纪峨眉山玄武岩的下伏岩层——茅口组灰岩的差异剥蚀分界线[21]。

　　本章所涉及的连续波形记录资料包括 COMPASS – ELIP 剖面和云南、四川区域数字地震台网总计 170 个宽频带地震台站，其中 COMPASS – ELIP 剖面共 59 个台站，云南区域数字地震台网共 52 个台站，四川区域数字地震台网共 59 个台站，观测时间从 2010 年 11 月至 2013 年 4 月。区域数字地震台网台间距为 30 ～ 60 km，在青藏高原等地区部分间距达到 100 ～ 200 km[306]；而流动地震台站可以根据实际研究目标灵活布设，且在重点研究区的关键地段可适当加密，因此两者相结合在提高重点区域的射线覆盖及成像分辨率等方面具有显著优势。

## 5.2　环境噪声数据处理

### 5.2.1　经验格林函数计算

　　将 COMPASS – ELIP 剖面，云南、四川区域数字地震台网总计 170 个台站的三分量(ZNE)环境噪声记录，进行单台数据预处理，主要包括去线性趋势、去均值、去仪器响应、滤波、振幅归一化、谱白化等。为了提高计算效率，重采样间隔为 1 s，截取时间长度为 24h。然后，将所有台站的南北向和东西向波形记录旋转到径向(R)和切向(T)分量。

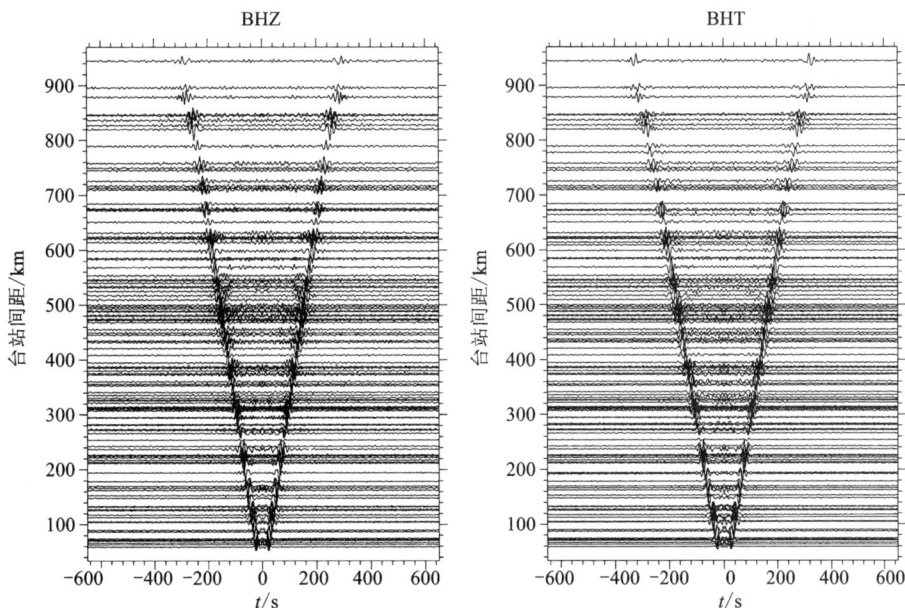

**图 5.2　台站 E08 与其他台站互相关计算得到的垂向和切向分量经验格林函数**

(带通滤波范围: 10 ～ 50 s)

针对预处理后的不同台站三分量(ZRT)资料，对两两台站之间的相同分量进行观测时段配对，将两个匹配上的台站各自预处理后的连续波形记录，进行互相关和叠加计算，获得台站对间的经验格林函数(EGFs)。图5.2展示了台站E08与其他台站互相关和叠加计算得到的垂向(T)和切向(Z)分量经验格林函数，从中可以看到清晰的面波信号。

### 5.2.2 群速度频散测量

对于每一个台站对路径，利用Herrmann[235]开发的程序包，分别从垂向(Z)和切向(T)分量经验格林函数中提取信号能量突出、信噪比高、4~50 s周期内的基阶Rayleigh面波和Love面波群速度频散。图5.3展示了台站对JMG-TQU群速度频散测量实例，台站间距为356.2521 km。为了剔除虚假信息，保证频散曲线测量的连续性和可靠性，所有频散均采用人工拾取。最终，从垂向分量中提取了Rayleigh面波群速度频散曲线9872条，从径向分量中提取了Love面波群速度频散曲线9166条。图5.4展示了周期为15 s和40 s时的有效射线路径覆盖，可见对研究区形成了均匀、密集的射线覆盖。

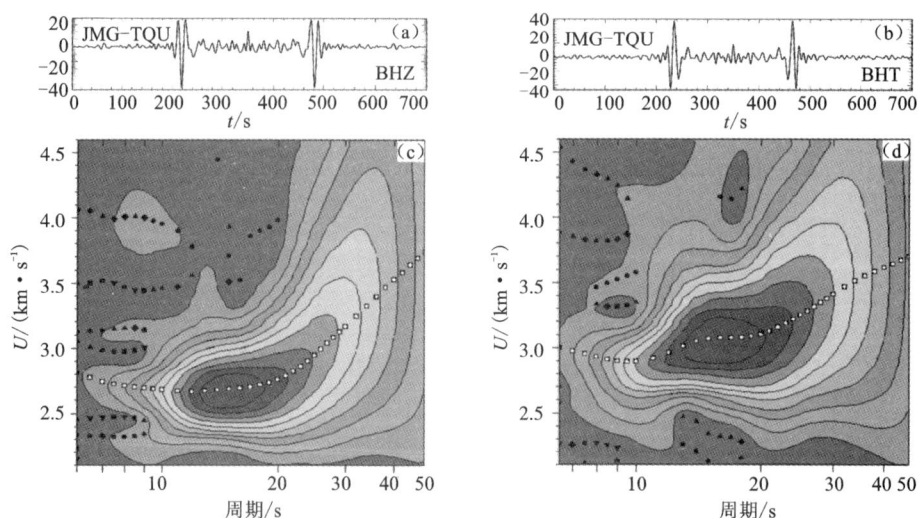

**图5.3 群速度频散测量示意图**

(a)、(b)分别为台站对JMG-TQU的垂向分量和径向分量经验格林函数；(c)、(d)分别为基于多重窗时频分析方法提取台站对JMG-TQU间的Rayleigh波和Love波群速度频散，台间距为356.2521 km，白色点为提取的基阶频散点。

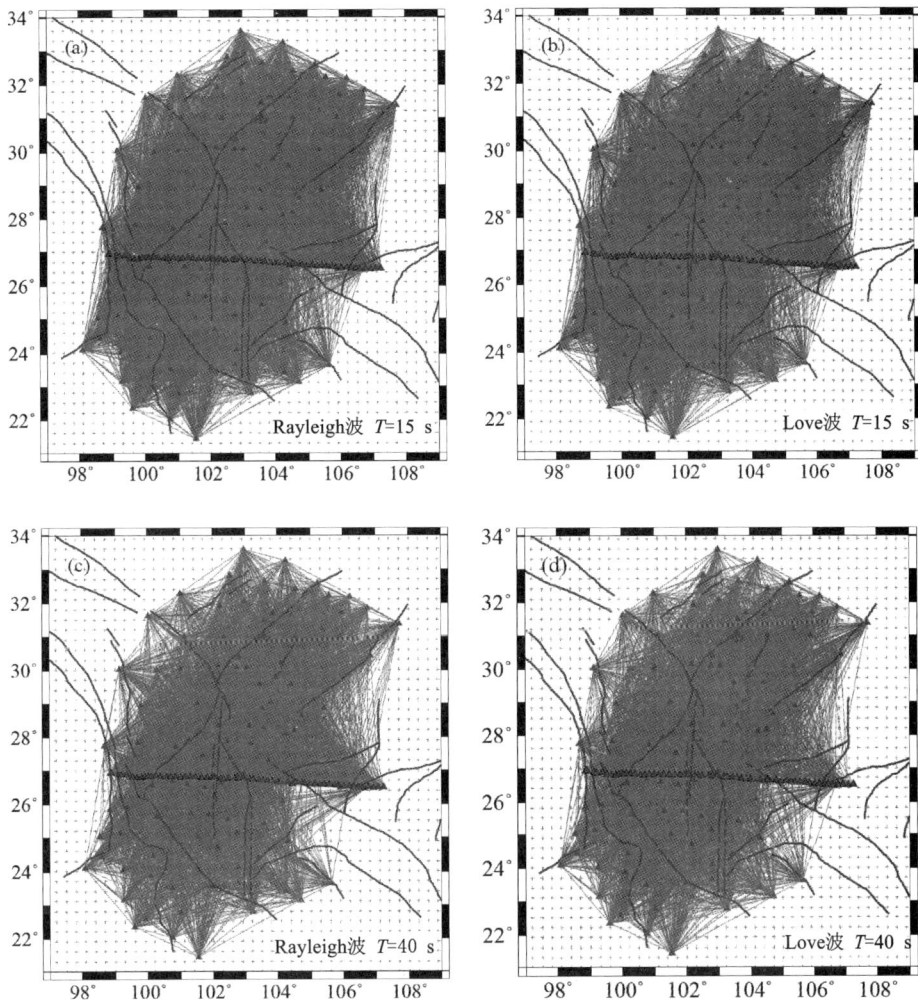

**图 5.4　周期为 15 s 和 40 s 的有效射线路径覆盖**

（a）周期 15 s 的 Rayleigh 面波，9872 条路径；（b）周期 15 s 的 Love 面波，9166 条路径；（c）周期 40 s 的 Rayleigh 面波，5186 条路径；（d）周期 40 s 的 Love 面波，4374 条路径。三角形代表地震台站。

　　事实上，很难保证每条频散路径在 4～50 s 整个周期范围内都连续可靠，因此在群速度测量时有针对性地去掉了连续性和可靠性差的频散点，这使得频散在不同周期的有效射线路径数目不同。各周期最终可用于层析成像的射线路径数如图 5.5 所示。由于台站分布较密集，在整个周期范围内射线数目较高，尤其是小于 35 s 的中短周期射线路径条数超过 6000 条，50 s 长周期的射线路径条数也达到 2000 条左右。由于垂向分量的信噪比最高，所提取的 Rayleigh 面波路径数目在整个周期范围内都略大于 Love 面波路径数目。

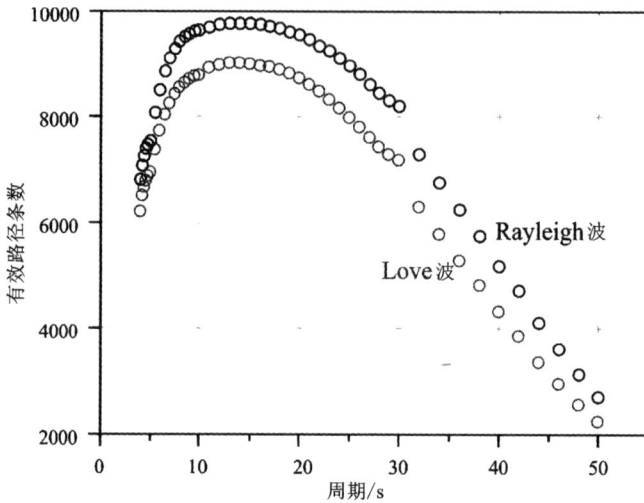

图 5.5　各周期对应的有效射线路径数

# 5.3　面波层析成像

## 5.3.1　反演算法概述

本章采用基于奇异值分解(SVD)的阻尼最小二乘反演算法[151, 199, 299] 开展 Rayleigh 波和 Love 波群速度层析成像。

如本书 2.5.1 节所述,纯路径频散反演问题可归结为对式(2.29)的求解:

$$[\boldsymbol{b}]_m = [\boldsymbol{A}]_{m \times n} \cdot [\boldsymbol{x}]_n \tag{5.1}$$

式中,$\boldsymbol{b}$ 代表走时残差向量,$\boldsymbol{A}$ 代表路径长度稀疏矩阵,$\boldsymbol{x}$ 代表待求的网格速度扰动的模型向量。式(5.1)的经典最小二乘解为:

$$\boldsymbol{x} = (\boldsymbol{A}^{\mathrm{T}}\boldsymbol{A})^{-1}\boldsymbol{A}^{\mathrm{T}}\boldsymbol{b} \tag{5.2}$$

一般情况下,$(\boldsymbol{A}^{\mathrm{T}}\boldsymbol{A})$ 是奇异矩阵,所以 $(\boldsymbol{A}^{\mathrm{T}}\boldsymbol{A})^{-1}$ 并不存在,式(5.2)并不能得到式(5.1)的经典最小二乘解。通过在式(5.2)中增加阻尼项,将反演的求解问题转化为阻尼最小二乘解:

$$\min = \|\boldsymbol{Ax} - \boldsymbol{b}\|^2 + \sigma^2 \|\boldsymbol{x}\|^2 \tag{5.3}$$

式中,$\sigma$ 代表阻尼因子,是控制反演的稳定性和迭代收敛速度的参数。

根据 SVD 或者 Lanczos 分解方法[151],引入参数矩阵 $\boldsymbol{A} = \boldsymbol{U\Lambda V}$,$\boldsymbol{A}^{\mathrm{T}} = \boldsymbol{U\Lambda V}^{\mathrm{T}}$,

其中 $U$, $V$ 是非零的特征向量, $\Lambda$ 为非零的对角阵, 且满足条件 $U^{\mathrm{T}}U=I$, $V^{\mathrm{T}}V=I$。

利用 Lavenberg – Marquardt 广义反演求解式(5.3)得到:

$$x = V[\Lambda^2 + \sigma^2 I]^{-1}\Lambda\, U^{\mathrm{T}}b = Hb \tag{5.4}$$

$$R = V[\Lambda^2 + \sigma^2 I]^{-1}\Lambda^2 V^{\mathrm{T}} \tag{5.5}$$

$$C = H\,H^{\mathrm{T}} = V[\Lambda^2 + \sigma^2 I]^{-1}\Lambda^2[\Lambda^2 + \sigma^2 I]^{-1}V^{\mathrm{T}} \tag{5.6}$$

当阻尼因子 $\sigma^2 = 0$, $\Lambda$ 为非病态矩阵, 上述问题退化为式(5.2)的经典最小二乘解, 阻尼因子取值越大, 迭代过程的稳定性越强。$R$ 为模型分辨矩阵, 表征反演模型与真实模型的偏差程度; $C$ 为协方差矩阵, 表征数据误差对解估计的影响程度。通过选择合适的阻尼系数, 兼顾模型分辨矩阵 $R$ 和协方差矩阵 $C$, 获得最优阻尼最小二乘解。

## 5.3.2　反演过程和结果评价

根据研究区域的射线覆盖情况, 以及研究区域本身的几何尺度, 以 $0.3° \times 0.3°$ 将其剖分成 906 个网格单元, 采用上节介绍的层析成像方法反演 Rayleigh 面波和 Love 面波群速度频散。反演过程中, 将混合路径频散的平均值作为相应周期的群速度初始值, 在给定的阻尼因子作用下, 利用每次迭代获得的群速度扰动对初始模型进行修正更新, 重复迭代直至网格单元新的速度值与上一步迭代速度值的残差收敛到最小。

本节将从射线密度、检测板试验、分辨率与协方差、敏感核函数四个方面, 对纯路径频散反演结果的分辨率和可靠性进行系统的检验和评价。

(1)射线覆盖密度

地震面波是射线路径下方地壳上地幔结构信息的载体, 射线的密集程度是信息丰富程度的直观表征[223], 直接决定了纯路径频散反演结果的分辨率和可靠性。将研究区域划分为 $0.3° \times 0.3°$ 的网格, 定量统计了每个网格单元的有效射线覆盖条数, 如图 5.6 所示(相应彩图请扫描二维码)。结果表明, 周期为 15 s 和 40 s 时, Rayleigh 面波在研究区域的平均覆盖密度分别达到 210 条/格和 114 条/格, 最大覆盖密度分别达到 951 条/格和 608 条/格; Love 面波在研究区域的平均覆盖密度分别达到 195 条/格和 97 条/格, 最大覆盖密度分别达到 922 条/格和 491 条/格。总体上, Rayleigh 面波和 Love 面波的网格射线覆盖在研究区, 尤其是峨眉山大火成岩省的内带, 都可谓非常密集, 为获得高分辨率的面波成像结果提供了保证。

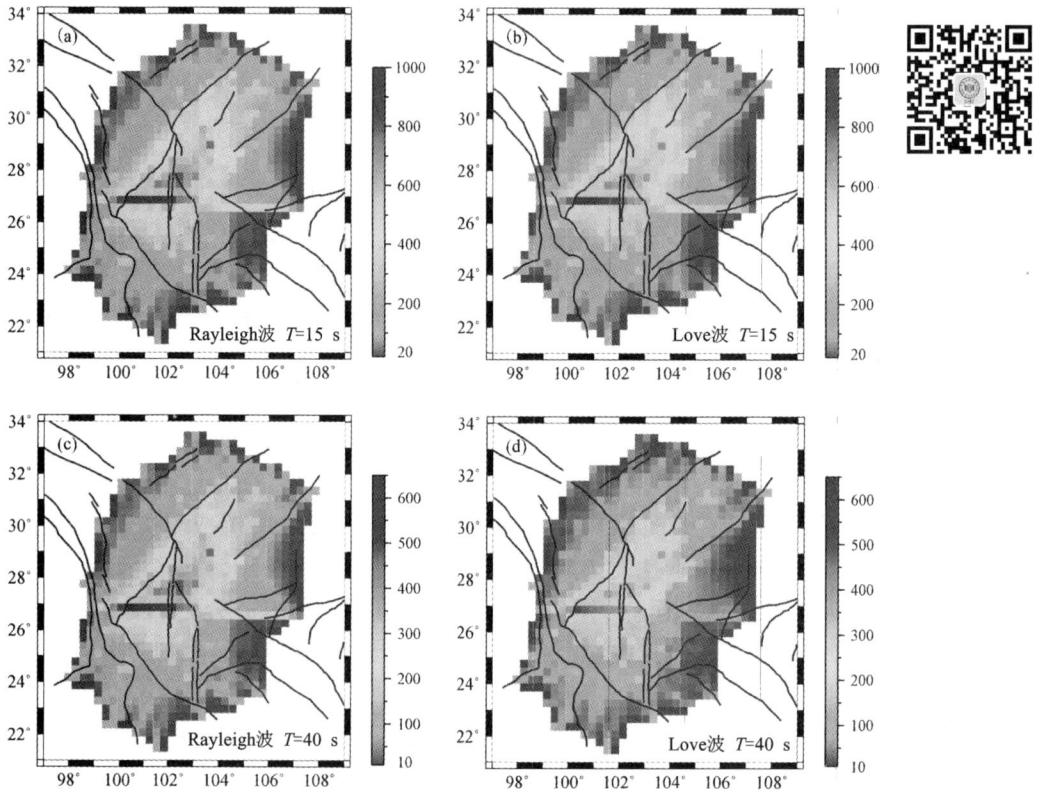

图5.6　周期为15 s和40 s的射线覆盖密度

（2）检测板试验

基于现有射线覆盖条件和采用的反演算法，利用检测板技术对当前0.3°×0.3°网格尺度下成像结果的几何分辨率进行检验和评价。检测板技术利用理论速度模型，施加一定的速度扰动，进行阻尼最小二乘反演，分析反演结果能否恢复先验的理论速度模型。检测板理论模型为速度高低相间的棋盘状，其速度由纯路径频散反演结果给出。图5.7展示了周期为15 s和40 s的检测板测试结果，其中Rayleigh面波理论模型的平均速度为3.0 km/s，扰动幅度为±7%；Love面波理论模型的平均速度为3.3 km/s，扰动幅度为±5%。结果表明，射线覆盖密度影响检测板分辨率，表现为射线密度高的网格，其相对应的反演重建网格的分辨率也更高。不同周期两类面波恢复的模型在绝大部分研究区域具有良好的几何分辨率，仅在边缘区域由于射线分布不足而分辨略差。若网格划分过大，则容易造成数据浪费，反之则容易在反演结果中引入虚假异常[164, 307]，所以0.3°×0.3°的网格划分是现有射线覆盖情况下较合理的几何分辨尺寸。

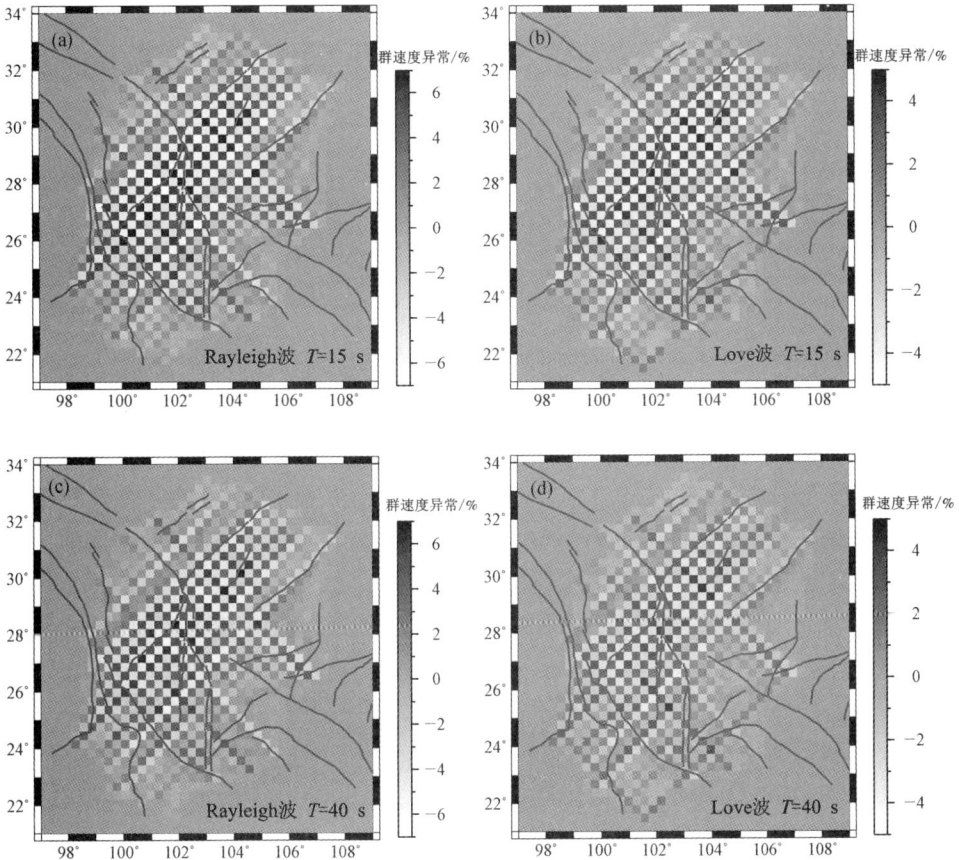

**图 5.7　周期 15 s 和 40 s 射线覆盖条件下的检测板恢复结果**

（a）、（c）Rayleigh 面波理论模型的平均速度为 3.0 km/s，扰动幅度为 ±7%；（b）、（d）Love 面波理论模型的平均速度为 3.3 km/s，扰动幅度为 ±5%。

（3）分辨率与协方差

在当前射线覆盖条件和 0.3° × 0.3° 网格划分前提下，通过选择合适的阻尼系数，以兼顾最小二乘反演过程中模型分辨率与协方差之间的合理折衷。多次反演测试表明，选择阻尼系数大小为 0.01 时，可同时满足高分辨率和低协方差，如图 5.8 所示，此时反演迭代残差小于 0.01 km/s。

（4）敏感核函数

基于研究区域平均的壳幔结构模型，计算基阶 Rayleigh 波和 Love 波群速度频散对 S 波速度的深度敏感核函数，如图 5.9 所示。结果显示，对于相同的周期，Rayleigh 波比 Love 波对 S 波速度的敏感性更强。本章所使用的群速度周期为 4 ~ 50

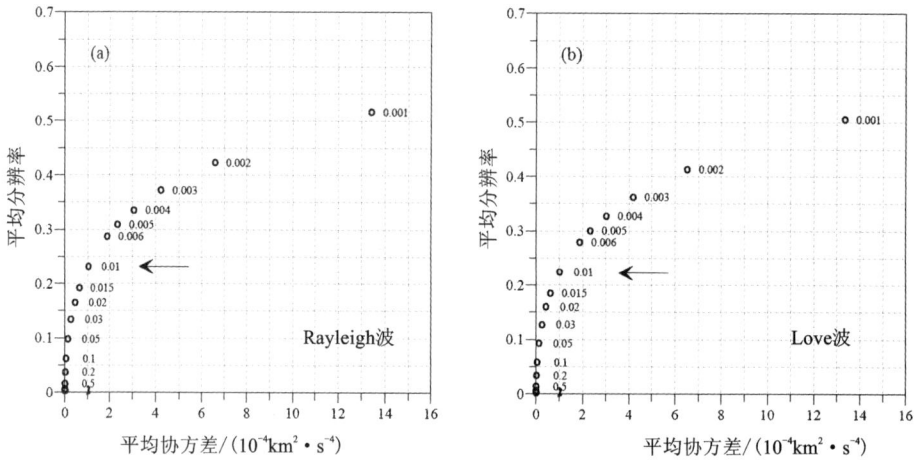

图 5.8 阻尼最小二乘反演所对应的分辨率和协方差之间的折衷曲线

s，对于 Rayleigh 波而言，周期小于 40 s 的频散基本可保证对地壳不同深度的分辨率，最长周期 50 s 的敏感范围可达到 80 km 深度。对于 Love 波而言，敏感深度范围可达到 50 km。从而整体上保证对峨眉山大火成岩省及邻区地壳尺度的良好分辨。

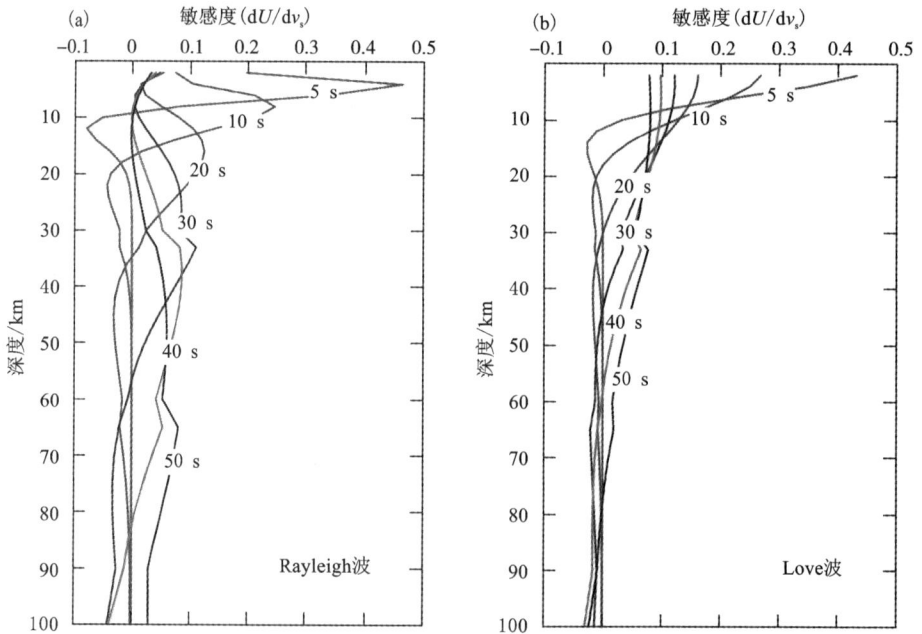

图 5.9 不同周期的 Rayleigh 和 Love 面波群速度敏感核

### 5.3.3　群速度频散分布特征

采用上文所述的基于奇异值分解(SVD)的阻尼最小二乘反演算法[151, 199, 299]，由混合路径频散曲线反演了 4~50 s 周期范围内共 46 个周期的面波纯路径频散。图 5.10 和图 5.11 分别展示了几个代表性周期的 Rayleigh 波和 Love 波群速度分布图(相应彩图请扫描二维码)，表现出速度随周期的纵向变化和横向不均匀性特征。

(1)群速度随周期的变化特征

根据群速度的横向分布特征以及不同周期群速度对 S 波速度的敏感核函数(如图 5.9 所示)，8~40 s 周期范围的 Rayleigh 波和 Love 波频散反映以地壳层次为主的结构信息，48 s 周期的频散以地幔层次的结构信息为主。

总地来说，随着周期的变化，Rayleigh 波和 Love 波群速度分布特征比较相似。最显著的特征是峨眉山大火成岩省内带从地壳到上地幔表现为高速异常特征。中带在浅部玄武岩出露的地方表现为高速特征，而在中下地壳的周期范围呈现低速特征。Love 波群速度随周期的变化比 Rayleigh 波慢，前人研究表明可能是由于 Love 波对浅部地壳持续敏感等因素造成的[308]。

(2)群速度横向不均匀性特征

周期为 8 s 的 Rayleigh 波群速度分布，主要反映浅部地壳的结构特征，与研究区域的断裂分布具有一定的相关性。峨眉山大火成岩省内带以及以龙门山断裂和丽江—小金河断裂带为界的青藏高原东部存在高速异常。四川盆地、兰坪—思茅盆地、楚雄盆地和水城—紫云断裂两侧均表现为低速异常。

周期为 14~20 s 的群速度分布与 8 s 较为相似，内带高速异常的范围进一步扩大，四川盆地和水城—紫云断裂两侧仍表现为低速异常。西南部盆地之间的低速异常连成一体，随周期的增大低速范围扩大，且 20 s 的速度值比 14 s 的更低。

从 8~20 s 四川盆地内部表现出很强的横向不均匀性，盆地西北的 Rayleigh 和 Love 波群速度更低，反映出四川盆地内部沉积层厚度的横向变化特征。

周期为 24 s 的 Rayleigh 波群速度，主要反映中地壳的结构特征。内带仍然呈现高速异常的特征；以丽江—小金河断裂为界，川西块体开始出现低速分布。该周期最显著的特征是横跨小江断裂的中部出现低速异常，该低速异常体以师宗—弥勒断裂为东界，一直延伸到 48 s 周期。

周期为 30~40 s 的群速度，主要反映中下地壳到上地幔的结构特征。内带和四川盆地表现为高速特征。研究区主要的低速异常分布在川西块体、小江断裂和松潘—甘孜褶皱带。随着周期增大，滇东块体和印支块体的速度相对青藏高原东部逐渐增大。

周期为 48 s 的群速度，内带仍然表现为相对高速的特征，川西块体、小江断裂和松潘—甘孜褶皱带的低速异常范围开始收缩。滇东块体和印支块体反映出地幔速度特征，而青藏高原东部表现出地壳速度特征。

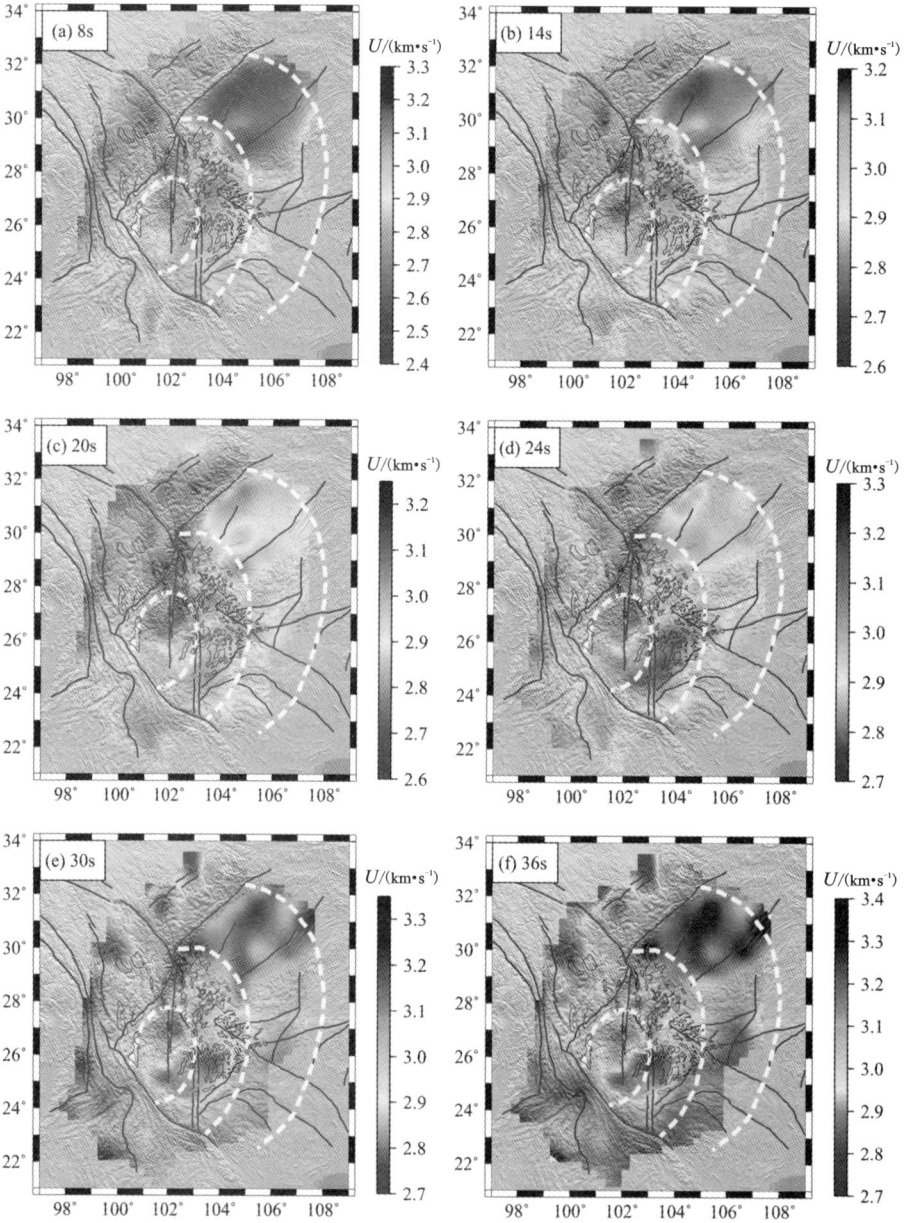

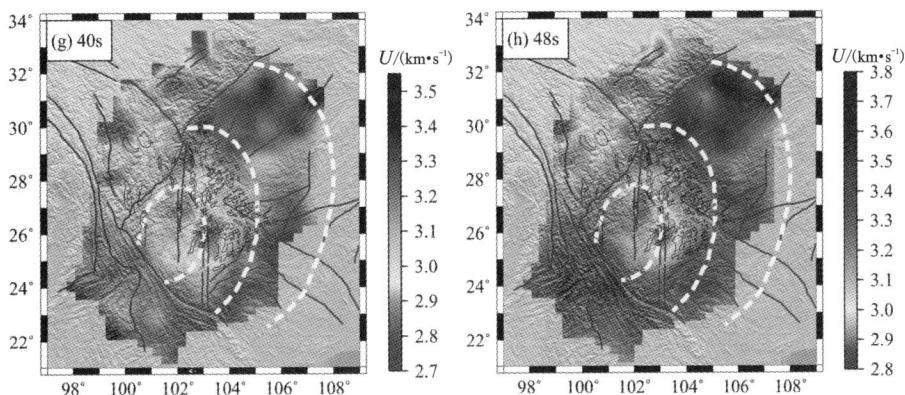

**图 5.10　不同周期的 Rayleigh 面波群速度分布**

黑色实线表示二叠纪峨眉山玄武岩；白色虚线代表峨眉山玄武岩的下伏岩层——茅口组灰岩的差异剥蚀分界线[21]。

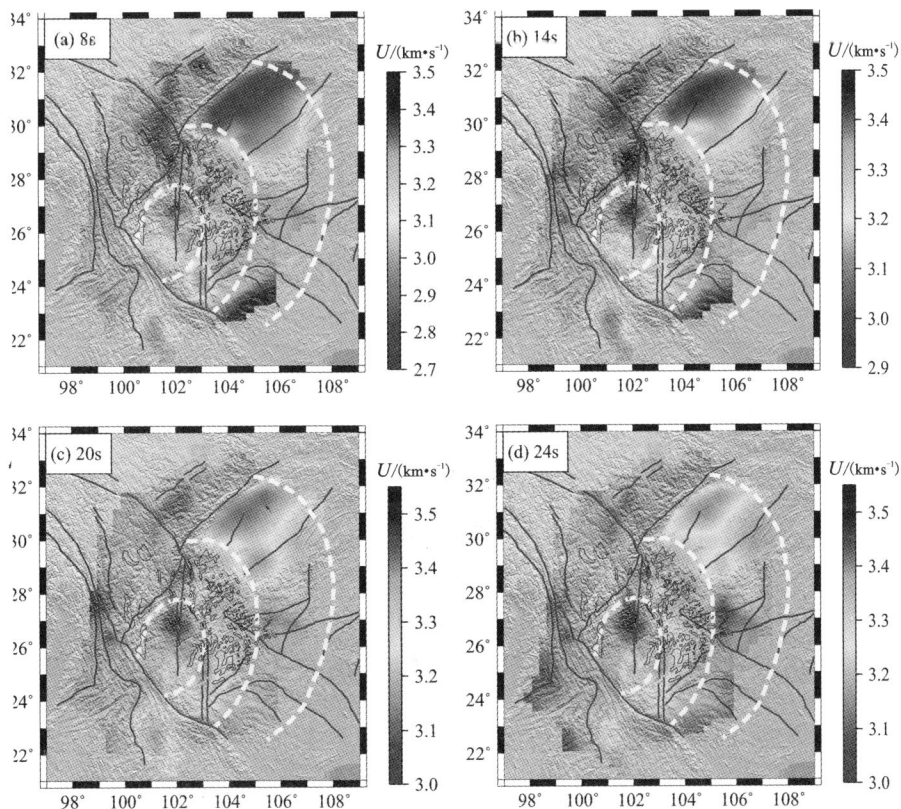

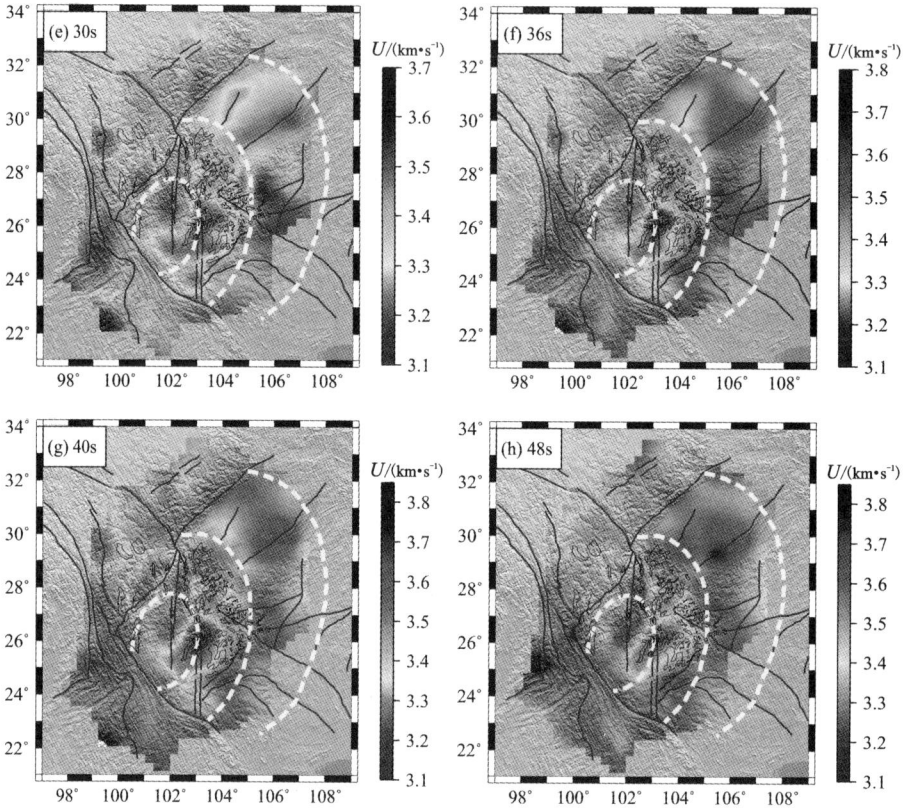

图 5.11　不同周期的 Love 面波群速度分布

# 5.4　横波速度结构反演

　　横波速度结构反演从 Rayleigh 波和 Love 波群速度频散中提取每个网格单元下方的纯路径频散曲线,利用最小二乘线性反演算法[235],反演每个网格单元下方的一维 SV 波和 SH 波速度结构。Cheng 等[309]和欧阳龙斌等[310]进行了一系列测试,发现 Rayleigh 面波反演结果受不同初始模型的影响较小。同时本项研究也进行了测试,得到了相似的结论。具体反演过程中,给定初始模型为一维弹性半空间层状模型,共 35 层:1 ~ 15 层每层厚 2 km,16 ~ 25 层每层厚 2.5 km,26 ~ 30层每层厚 3 km,31 ~ 34 层每层厚 5 km,第 35 层厚 10 km,总厚度为 100 km。初始模型 P 波速度设定为 8.0 km/s,$v_p/v_s$ 设为 1.75。密度参考经验公式 $\rho = 0.77 + 0.32 v_p$[305]。

图 5.12 展示了研究区内 139 号网格和 871 号网格两类面波的反演实例，这两个网格单元分别位于四川盆地和滇东块体。由图可见，经历多次迭代之后，反演获得的 SV 波和 SH 波速度模型所对应的理论频散曲线分别很好地拟合 Rayleigh 波和 Love 波观测频散曲线，拟合误差一般小于 $10^{-4}$ km/s。

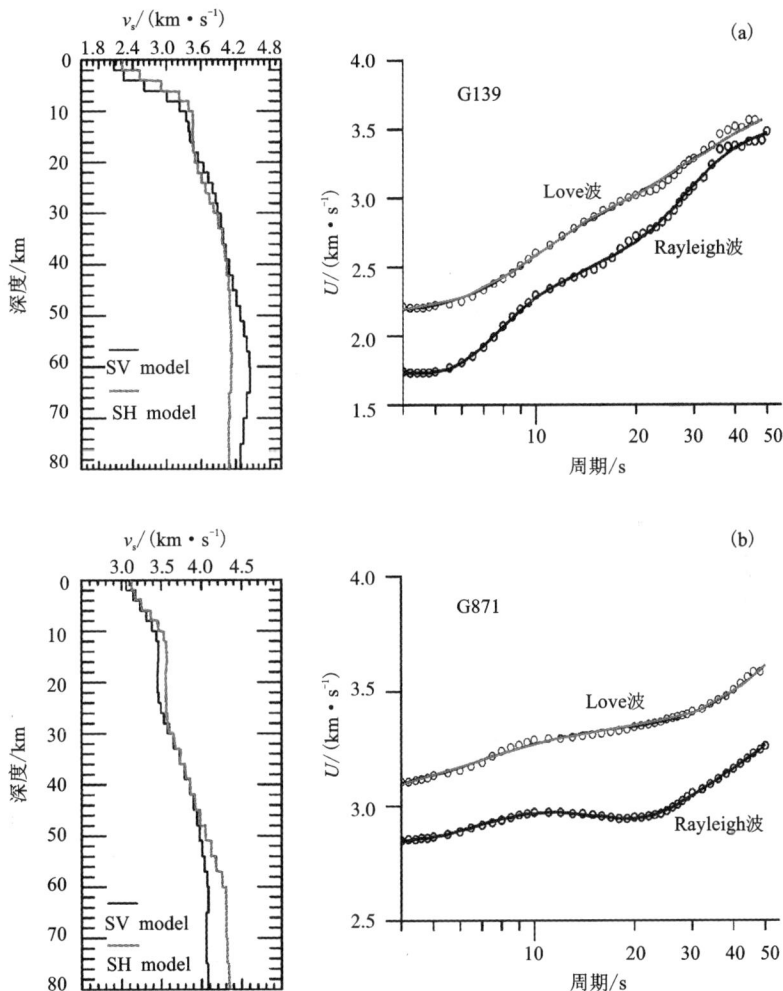

**图 5.12　网格单元 G139 和 G871 的 S 波速度结构反演实例**

左侧图中黑线和灰线分别表示反演获得的 SV 波和 SH 波速度结构；右侧图中黑色圆圈和灰色圆圈分别表示观测的 Rayleigh 面波和 Love 面波频散，黑线和灰线分别表示左侧图中 SV 波和 SH 波速度模型正演获得的 Rayleigh 面波和 Love 面波频散。

## 5.5 三维横波速度结构特征

通过对所有网格单元的一维 SV 波和 SH 波速度在纵向和横向上进行适当的插值，可以构建研究区三维 S 波速度结构。考虑到所提取群速度频散的周期范围以及敏感核函数所揭示的相应深度的分辨能力，仅分别展示和讨论 80 km 以浅的 SV 波和50 km 以浅的 SH 波速度结构特征，如图 5.13 和图 5.14 所示（相应彩图请扫描二维码）。

（1）S 波速度横向分布特征

成像结果所显示的不同深度的 SV 波和 SH 波速度分布与群速度频散随周期的分布具有相似性，主要特征如下：

5～10 km 深度速度图像显示，峨眉山大火成岩省内带部分区域表现出明显的高速异常。以龙门山断裂和丽江—小金河断裂带为界，青藏高原东部速度普遍较高。浅部地壳的低速异常与沉积盆地和断裂带分布呈现一致性，以四川盆地的低速最为突出，且低速的分布清楚的勾勒出四川盆地的边界范围。哀牢山—红河断裂两侧的兰坪—思茅盆地和楚雄盆地，以及位于水城—紫云断裂两侧也有低速分布。腾冲附近的低速异常可能与腾冲火山存在一定的相关性。高分辨率的 SV 波和 SH 波速度图像揭示出四川盆地内部速度分布具有横向不均匀性，即盆地西北的低速更低，反映出盆地内部差异剥蚀所导致沉积层向盆地西缘增厚的特征。

20 km 深度速度图像显示，速度的分区与断裂分布和构造分区具有相关性。松潘—甘孜地体是青藏高原东缘的主要块体之一，位于龙门山断裂带西侧的龙日坝断裂将其进一步分割成西部的阿坝次级块体和东部的龙门山次级块体[311]，其中龙门山次级块体位于研究区域内。速度图像显示在 ELIP 内带部分区域、四川盆地和龙门山次级块体表现为高速异常。丽江—小金河断裂北侧的川西块体出现低速分布。横跨小江断裂中部，以师宗—弥勒断裂为东界也呈现明显的低速异常。内带附近的速度分布具有分区性，且高低速分布的界限与 Deng 等[116]所圈定的内带较高的剩余布格重力异常（+150 mGal）分布范围基本一致，这种分区性特征在 30～40 km 深度的速度切片上也很明显。

30 km 深度速度图像显示，SV 波和 SH 波速度分布特征与 20 km 深度大体相似。内带仍然呈现高速特征，两侧的川西块体和小江断裂附近的低速异常更加明显（约3.3 km/s），分布范围进一步扩大，可以清楚地看到这两个低速区被 ELIP 的内带所区隔，与此前一些学者的研究成果基本一致[129, 312]。腾冲火山在 30～40 km 深度处显示的高速特征，与 P 波成像所揭示的壳内高波速带深度基本一致[313]。

40 km 深度速度图像揭示出研究区域地壳厚度的变化。小江断裂下方的低速异常范围明显收缩。滇东块体和印支块体的 SV 波和 SH 波速度都较高，反映上地幔深度的结构特征。四川盆地也呈现出 S 波高速, 且盆地西北的高速异常幅值更高。接收函数研究结果表明四川盆地 Moho 面深度为 40 ~ 50 km[120], 盆地内部的高速分布可能反映了壳幔过渡带或者更深层次的信息, 从速度剖面上看这种高速分布的横向不均匀性一直延伸到了 80 km。

50 ~ 80 km 深度速度图像显示, 哀牢山—红河断裂两侧速度差异比较明显, 印支块体和滇东块体表现出地幔的速度特征, 腾冲火山附近出现低速分布。ELIP内带在 50 ~ 60 km 深度呈现高速特征, 80 km 深度内带的高速与印支块体相连。

总体上, 不同深度的 S 波速度横向分布呈现出与活动断裂和构造分区的相关性。内带在壳内不同深度层次都呈现相对独立的高速异常, 且高速异常的分布界限与联合反演和接收函数 H - κ 扫描所确定的底侵层位置[115]以及剩余布格重力所圈定的正异常区( + 150 mGal)[116]大体一致。川西块体和小江断裂下方在中下地壳(20 ~ 40 km)存在低速层, 从不同深度的水平速度切片来看, 两个低速层被内带所区隔。

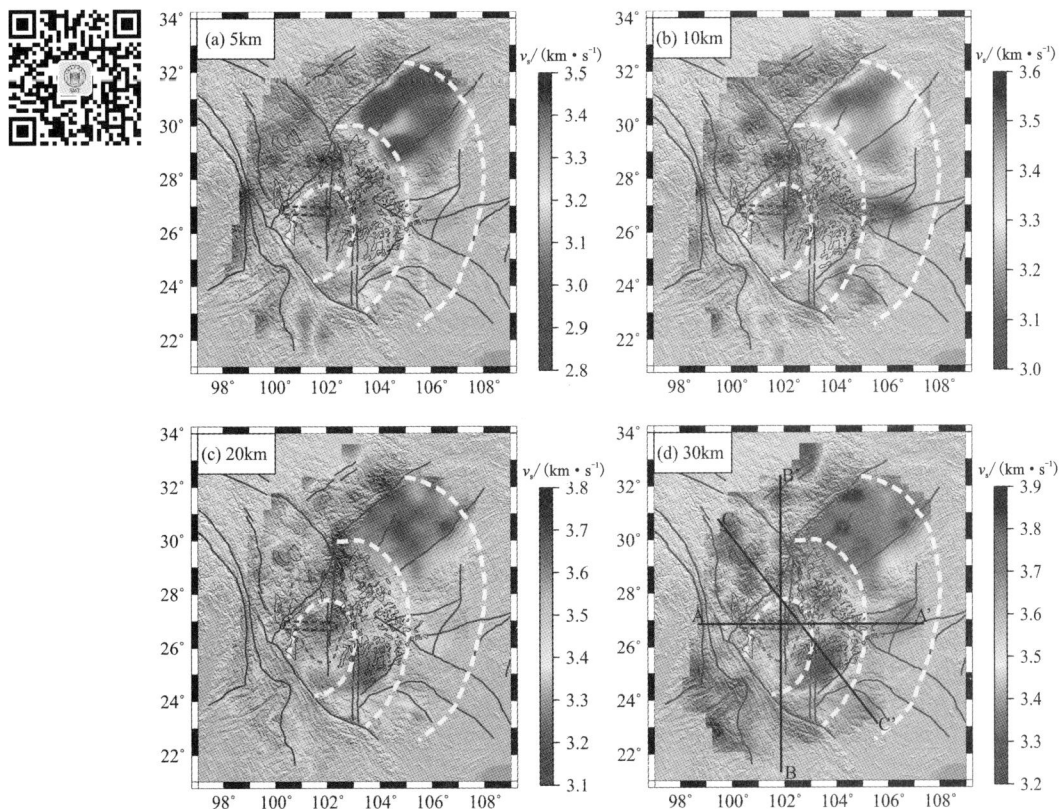

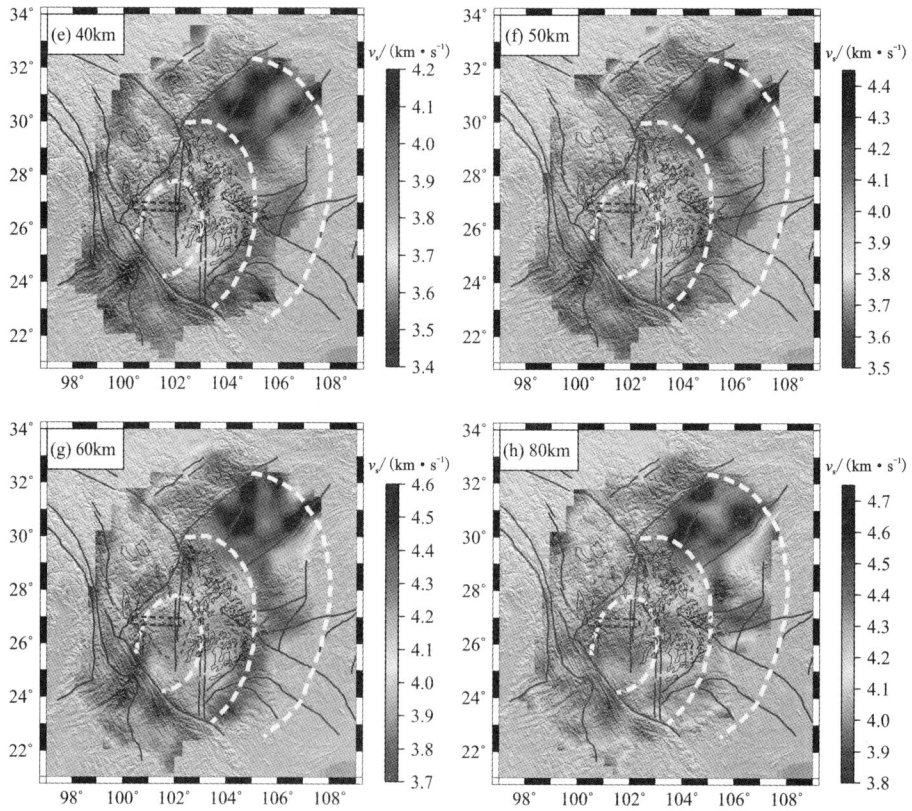

图5.13 不同深度的 SV 波速度分布

黑色实线表示二叠纪峨眉山玄武岩；白色虚线代表峨眉山玄武岩的下伏岩层——茅口组灰岩的差异剥蚀分界线[21]；绿色虚线表示 ELIP 底侵层在地表的投影位置[115]；红色虚线表示内带较高的剩余布格重力异常（+150 mGal）分布范围[116]；（d）图中 AA'、BB'、CC' 为截取纵剖面的位置。

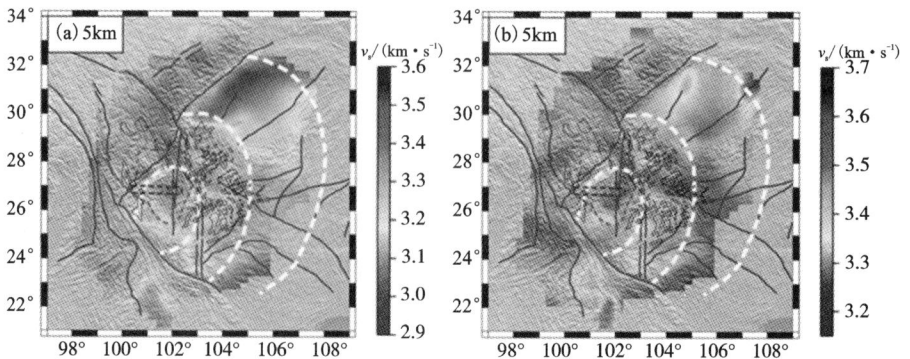

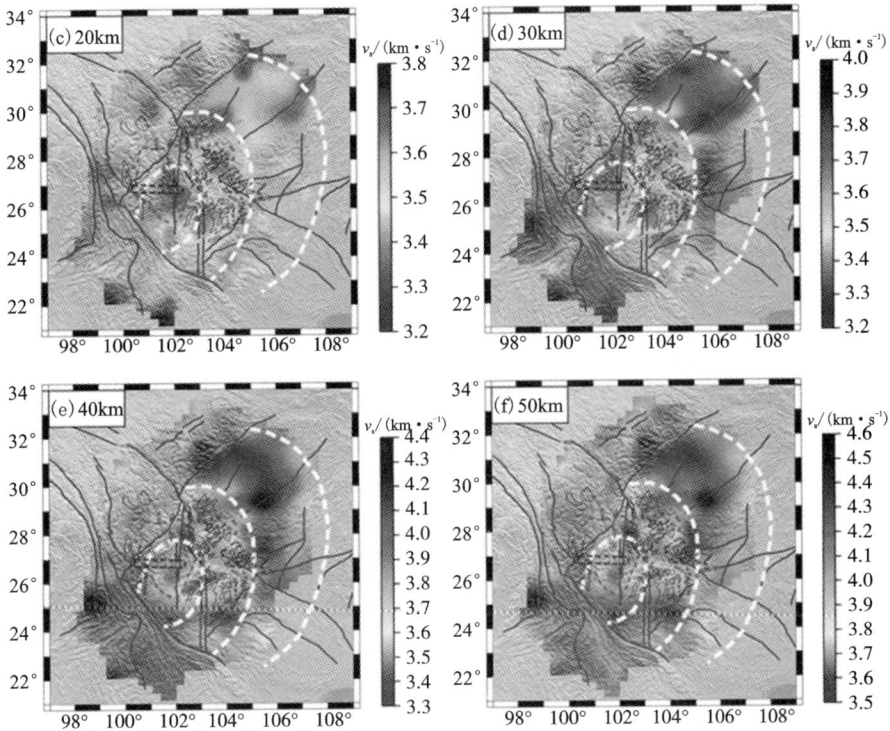

图 5.14　不同深度的 SH 波速度分布

(2)S 波速度纵向分布特征

为了系统地揭示峨眉山大火成岩省 SV 波和 SH 波速度在纵向上的变化特征，分别截取了 3 条穿过内带的剖面，为 AA'、BB'、CC' 剖面，具体位置如图 5.13(d)所示，对应剖面的速度分布如图 5.15 所示(相应彩图请扫描二维码)。为了更加清晰地展示地壳上地幔速度结构，假设 Moho 面附近两类横波的速度均为 4.0 km/s。

AA' 剖面沿 26.85°N 展布，与 COMPASS – ELIP 剖面邻近，自西向东穿过三江构造带、峨眉山大火成岩省内带—中带—外带。丽江—小金河断裂(LXF)和水城—紫云断裂(SZF)下方呈现明显的低速($v_s$ < 3.2 km/s)，意味着断裂带附近的沉积层较厚。丽江—小金河断裂和水城—紫云断裂东西两侧，中、上地壳存在两个明显的低速层，尤其是水城—紫云断裂两侧的低速层分布范围较大。内带中、下地壳速度较高，且下地壳存在非常明显的高速异常($v_s$ 为 3.8～4.2 km/s)。

BB' 剖面沿 101.85°E 展布，自南向北依次穿过印支块体、滇中块体、川西块体和龙门山块体。该剖面不仅经过哀牢山—红河断裂、丽江—小金河断裂、鲜水河断裂和龙日坝断裂，还紧邻元谋—绿汁江断裂、安宁河断裂和龙门山断裂带，与断裂带错综的交切关系导致浅部地壳的低速分布较为离散。哀牢山—红河断裂带和楚雄盆地在浅部地壳呈现非常明显的低速分布，丽江—小金河断裂和鲜水河断裂两侧速度也比较低。楚雄盆地下方的中、上地壳（20~30 km）存在低速层；而从 SV 波和 SH 波速度剖面来看，内带以北的中地壳低速形态较为复杂。从南北向剖面来看，内带的北部（26°N—27°N）中、下地壳速度较高，尤其是下地壳呈现明显的高速异常，且进一步向北侧延伸出内带范围。

CC'剖面沿北西—南东向展布，斜切川滇菱形块体，与丽江—小金河断裂展布方向大体垂直，自西向东穿过川西块体、滇中块体和滇东块体。丽江—小金河断裂和师宗—弥勒断裂浅部地壳速度较低。川西块体中、下地壳分布明显的低速层，向东延伸至丽江—小金河断裂下方；小江断裂和师宗—弥勒断裂之间的滇东块体中地壳存在低速层。该剖面位于内带的部分（102°E—103°E）中、下地壳呈现高异常速特征。

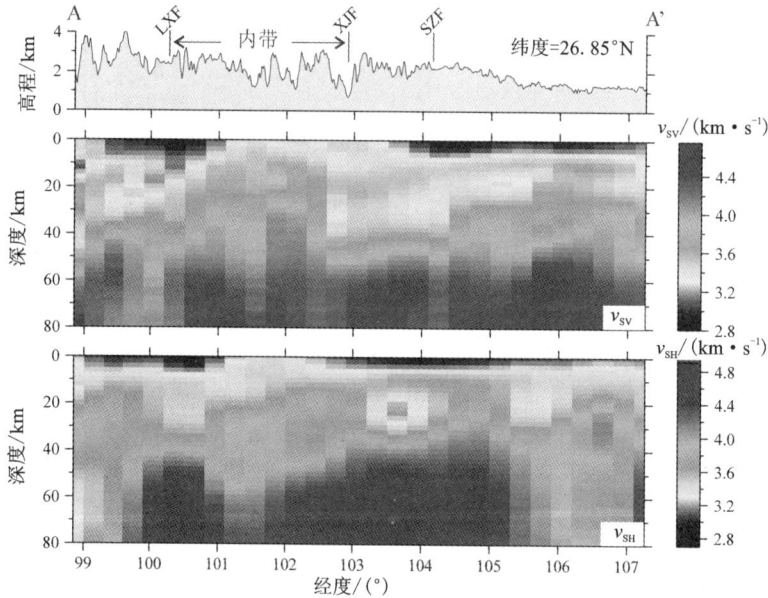

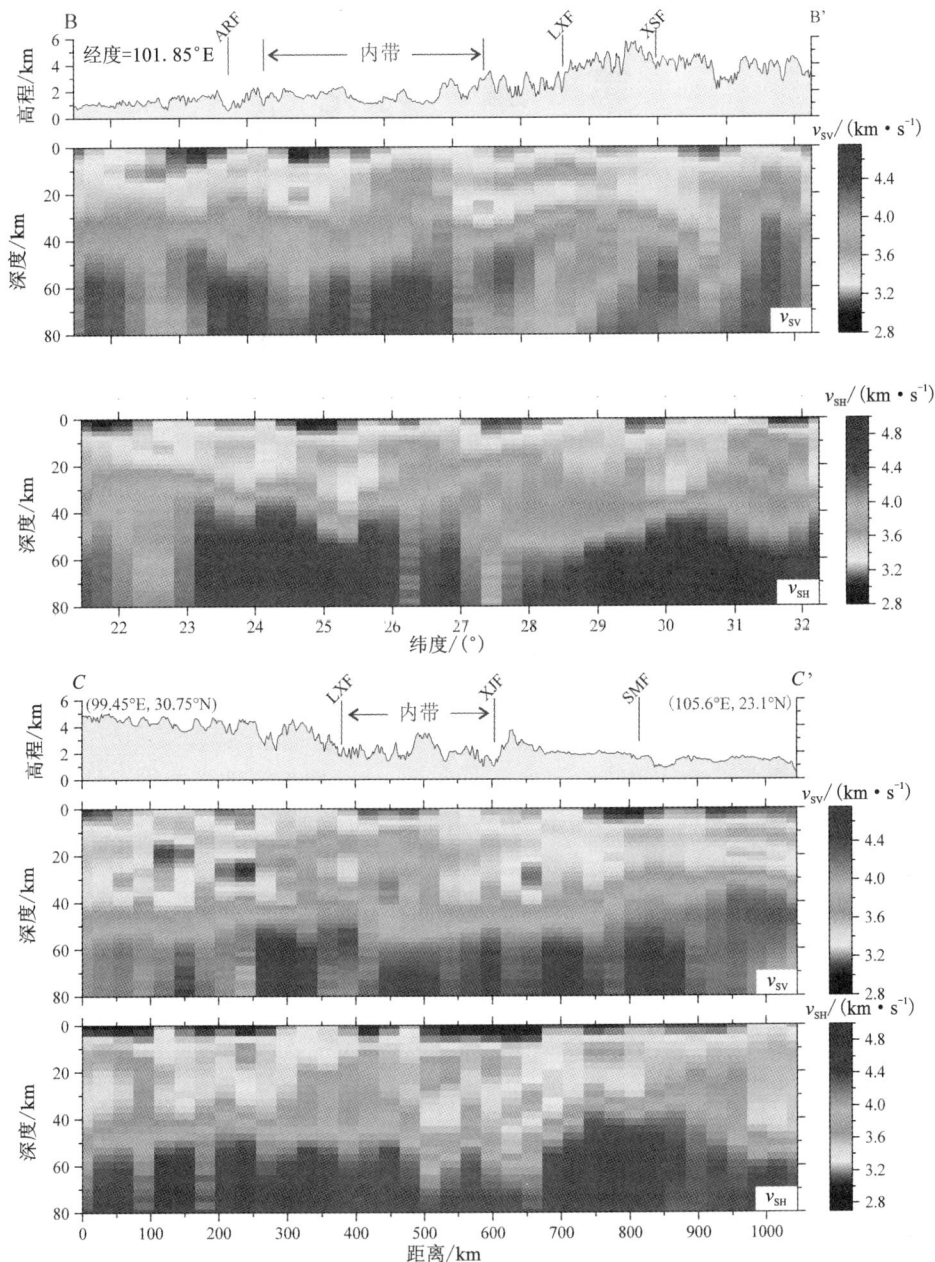

**图 5.15　沿不同剖面的 SV 和 SH 波速度分布**

LXF：丽江—小金河断裂；XJF：小江断裂；SZF：水城—紫云断裂；ARF：哀牢山—红河断裂；XSF：
鲜水河断裂；SMF：师宗—弥勒断裂。

# 第6章 讨论

峨眉山大火成岩省位于青藏高原、扬子克拉通和印支块体的交汇和过渡部位，是研究青藏高原东南缘不同块体相互作用和深部物质运动方式的关键地带[142]。目前，有关该地区地壳结构方面的研究结果多数侧重于"地壳流"及其"通道"方面的讨论[129, 138, 139, 141, 184, 312, 314]，较少关注到与峨眉山大火成岩省有关的深部结构特征及其对"地壳流"的影响。本书具体针对峨眉山大火成岩省的深部结构和属性特征，开展横波速度结构研究，为多参数、多尺度地系统约束该区的壳幔精细结构与深部过程提供了条件。

## 6.1 古地幔柱作用"遗迹"的地球物理特征响应

古地幔柱作用的实质是大规模岩浆活动，地表出露的大面积玄武岩是大规模岩浆作用最直观的表达，而地壳底部岩浆"底侵"（underplating）和随之发生的"内侵"（intraplating）则是岩浆喷发之前在地壳内部必经的物理 – 化学过程[45, 19, 105 – 107]，这一过程必将对地壳的组分和结构带来重大改变，从而影响到地壳的物理性质。因此，确定底侵的具体位置和规模不仅对于探测和鉴别古地幔柱作用"遗迹"本身具有重要意义，而且为探讨与底侵有关的岩浆作用过程提供了重要线索。本书二维关键剖面联合反演结果所揭示的 ELIP 内带下地壳高速异常（$v_s$ 为 3.8 ~ 4.2 km/s），与系列综合地球物理剖面探测所揭示的多种地球物理响应特征均具有很好的一致性[12, 94, 115 – 119]。如人工地震测深结果显示内带具有明显较高的平均地壳 P 波速度和下地壳高速层[94]。接收函数成像和大地热流分布显示内带具有较高的波速比和低热流，地壳下部残存"底侵"的界面[115, 315]。区域布格重力异常分布特征及反演结果显示内带剩余重力异常（约 + 150 mGal）和相对密度最大（约 0.06 g/cm³），COMGRA – ELIP 重力剖面资料进一步揭示内带存在高密度（3.14 g/cm³）的下地壳[116, 117]。发震层的空间分布表明内带流变性分层不明显、强度大[118]。此外，邻近 COMPASS – ELIP 剖面位置的大地电磁测深和重力异常反演结果也揭示出内带存在明显的高电阻率、高密度区[136, 137]。上述多种地球物理探测结果获得的不同参数之间的高度"自洽"性[12]，从二维剖面的角度一致地指示了与二叠纪地幔柱作用有关的岩浆"底侵"的具体位置和规模（内带下方，层厚 15 ~ 20 km，横向尺度约为 2°），为进一步探讨与岩浆底侵有关的深浅动力学过程提供了约束条件[115, 119]。

此外，基于环境噪声成像获得了周期为 4 ~ 50 s 的 Rayleigh 波和 Love 波群速度频散，以及深度为 5 ~ 80 km 的 SV 波和 5 ~ 50 km 的 SH 波速度分布图像，揭示出峨眉山大火成岩省内带地壳在不同深度均呈现相对独立的 S 波高速异常。与已有的三维 P 波成像结果[122] 和 Rayleigh 波群速度分布特征[132] 较为一致。高分辨率的三维成像结果和三个不同垂直剖面结果揭示出内带下地壳存在明显的高波速异常范围，且与二维剖面联合反演结果揭示的高速下地壳范围具有较好的一致性，结合现有的系列综合地球物理研究结果，进一步圈定了岩浆"底侵"遗迹在三维空间的分布范围：与二维关键剖面联合反演、人工地震探测[94]、接收函数偏移成像[115] 所确定的底侵位置，以及内带较高的剩余布格重力异常区[116, 117] 大体一致，三维空间展布尺度约为 2° × 2°。

## 6.2 峨眉山大火成岩省与青藏高原东南缘深部动力学过程

除内带的高速异常外，二维关键剖面联合反演结果所揭示的另一显著特征，即丽江—小金河断裂带和水城—紫云断裂带东西两侧的中上地壳低速层［图 4.11（c）中 LV1 和 LV2 所示］，此前多种地球物理研究结果对这一特征也均有不同程度的揭示[122, 126, 130, 138 - 141, 316]，且多数结果将其解释为青藏高原"地壳流"东南向逃逸的通道[138 - 141]。综合二维剖面和前人的研究结果来看，一方面，LV1 和 LV2 所示的两个低速区应该确实存在；但另一方面，无论是从 LV1 和 LV2 所示低速区分布的深度范围（10 ~ 30 km）和规模，还是地震波低速的显著程度（$v_s$ 约 3.3 km/s，$v_p$ 剖面上略有指示）来说，这两个低速区究竟是青藏高原中下地壳"地壳流"东南向逃逸的通道，还是所在区域深大断裂带的效应，或者是所在地区地幔深部过程的浅部响应等，值得进一步商榷。为此，从三维速度结构方面考察 LV1 和 LV2 所示的低速区与高原内部中下地壳低速层之间的连通性非常重要。

本书通过三维环境噪声成像获得了研究区域不同深度和不同位置剖面的横波速度分布。事实上，二维的 COMPASS - ELIP 剖面所示的两个低速区 LV1 和 LV2，与和它接近的 AA' 剖面上丽江—小金河断裂和水城—紫云断裂两侧的壳内低速分布（$v_s$ 约为 3.3 km/s）具有较好的一致性。LV1 和 LV2 所示的低速区无论是从分布的深度范围（10 ~ 30 km），还是在相应深度的速度分布图像上的具体位置来说，与高原内部中、下地壳低速层之间的连通性并不完好，这与前人的研究结果比较类似[126]，特别是 LV2，几乎是独立存在于滇中和滇东块体之间[128, 130, 141, 312]。

三维环境噪声成像结果所揭示的另一显著特征，是在川西块体和小江断裂两侧的中、下地壳（20 ~ 40 km）存在明显的低速（$v_s$ 约为 3.3 km/s）。从不同深度的速度图像，以及切穿川滇菱形块体的 CC' 剖面来看，这两个低速层被内带的高速异常所区隔,尤其是川西块体内部的中、下地壳低速层并未穿过丽江—小金河断裂。

高精度定年研究结果表明,ELIP 峰期年龄为 $259.1 \pm 0.5$ Ma[25],彼时扬子板块还位于赤道以南地区[12, 115]。如此巨大的时 – 空变化,意味着 ELIP 峰期对应的大规模岩浆作用所引起的热效早已耗散殆尽[119]。曾经历"底侵"和"内侵"等物理 – 化学过程的幔源岩浆,在地壳内部完全冷却后,将显著提高地壳的流变强度[119, 317]以及地壳内部不同深度层次的耦合程度[142],进而可能对来自青藏高原的"地壳流"产生阻滞作用,导致滇中块体在西侧哀牢山—红河剪切带和东侧小江断裂带的协调下,以"构造逃逸"方式向东南挤出[142]。因此,从这一角度而言,ELIP 峰期对应的大规模岩浆作用,不仅改变了内带(滇中块体)的地壳结构、组分和性质,也对现今青藏高原东南缘的深部过程产生了深远影响。

# 第 7 章　结论与展望

## 7.1　结论和认识

　　大火成岩省是国际地学界的研究热点，涉及地球内部运行机制和过程、资源和生物环境效应等多个地学前沿研究领域。峨眉山大火成岩省不仅是我国境内最早获得国际学术界广泛认可的大火成岩省，也是全球范围内研究程度较高的大陆溢流玄武岩省之一。前人基于沉积地层学、岩石地球化学等系列证据将峨眉山大火成岩省分为内带、中带和外带，并提出了内带"地幔柱头熔融"成因模型。深部是否存在"地幔柱头熔融"模型所预示的大规模岩浆作用"遗迹"，有待地球物理探测结果的进一步检验或约束。本书从横波速度结构的角度，利用环境噪声面波成像和接收函数，分别从二维剖面和三维立体结构两个层次，重建了峨眉山大火成岩省及邻区地壳精细结构，认识了古老地质事件大规模岩浆作用引起的地壳结构响应特征，进一步确定了与古地幔柱作用有关的岩浆"底侵"的具体位置和规模，并探讨了大规模岩浆作用对地壳性质的改造，以及对青藏高原东南缘现今深部过程的影响。

　　根据在峨眉山大火成岩省开展的环境噪声面波成像和接收函数工作，本书取得了以下几点主要结论和认识：

　　（1）二维剖面联合反演结果揭示，地壳平均 S 波速度沿剖面呈现自西向东先增大后减小的分带性，内带中、下地壳速度较高，尤其是下地壳存在明显的高速异常（$v_s$ 为 $3.8 \sim 4.2$ km/s）；丽江—小金河断裂带和水城—紫云断裂带的东西两侧，中上地壳存在低速层（$v_s$ 约为 $3.3$ km/s），尤其是水城—紫云断裂带东西两侧的中地壳低速层尤为明显。综合已有的系列研究成果，从二维剖面的角度指示与二叠纪地幔柱作用有关的岩浆"底侵"的具体位置和规模：内带下方，层厚 $15 \sim 20$ km，横向尺度约 $2°$。

　　（2）三维横波速度结果揭示，内带地壳在不同深度层次均呈现相对独立的 S 波高速异常；川西块体和小江断裂两侧的中、下地壳（$20 \sim 40$ km）存在明显的低速层（$v_s$ 约为 $3.3$ km/s），并被内带的高速异常所区隔。综合现有人工地震探测、接收函数偏移成像、重力异常分析结果等，可进一步圈定二维剖面所确定的岩浆"底侵"遗迹的三维空间展布尺度约 $2° \times 2°$。

（3）大规模岩浆的"底侵"和"内侵"，不仅改造了内带（滇中块体）的地壳组分和结构，而且也改变了地壳的流变强度以及地壳内部不同深度层次的耦合程度，进而对来自青藏高原的"地壳流"产生阻滞作用，导致滇中块体在西侧哀牢山—红河剪切带和东侧小江断裂带的协调下，以"构造逃逸"方式向东南挤出。

## 7.2　存在的问题及展望

本书虽已取得了有意义的研究成果和进展，但在一些方面仍存在问题和不足，有待今后进一步研究和改进：

（1）壳幔过渡带的速度信息能够反映"底侵"发生时伴随的壳幔相互作用，对于认识大规模岩浆作用的响应特征十分重要。本书利用环境噪声面波成像方法获得了高分辨率的三维地壳横波速度，但在速度结构反演中没有引入准确的莫霍面深度等系统约束，从而可能会对壳幔过渡部位的绝对速度的大小产生一定的影响。因此，可通过加入接收函数来约束莫霍面，与面波频散开展联合反演，获得更精细和可靠的壳幔结构信息。

（2）古地幔柱作用的实质是大规模岩浆活动，确定岩浆"底侵"的具体位置和规模对于探测和鉴别古地幔柱作用"遗迹"本身具有重要意义。本书研究结果揭示峨眉山大火成岩省的"底侵"遗迹的空间分布尺度约为 $2° \times 2°$。这一结果是否能够真正代表与二叠纪地幔柱有关的大规模岩浆作用范围，乃至这一规模所蕴含的地幔柱动力学意义非常值得进一步探讨。

# 参考文献

［1］ Coffin M F, Eldholm O, 1994. Large igneous provinces: crustal structure, dimensions, and external consequences[J]. Reviews of Geophysics, 32(1): 1 – 36.

［2］ Bryan S E, Ernst R E, 2008. Revised definition of Large Igneous Provinces (LIP)[J]. Earth Science Reviews, 86: 175 – 202.

［3］ Ernst R E, Buchan K L, 2003. Recognizing mantle plumes in the geological record. Annual Review of Earth and Planetary Sciences, 31: 469 – 523.

［4］ Campbell I H, 2005. Large igneous provinces and the mantle plume hypothesis[J]. Elements, 1: 265 – 269.

［5］ Bryan S E, Ferrari Luca, 2013. Large igneous provinces and silicic large igneous provinces: Progress in our understanding over the last 25 years[J]. Geological Society of America Bulletin, 125(7 – 8): 1053 – 1078.

［6］ 徐义刚, 2002. 地幔柱构造、大火成岩省及其地质效应[J]. 地学前缘, 9: 341 – 353.

［7］ Wignall P B, 2001. Large igneous provinces and mass extinctions[J]. Earth Science Reviews, 53: 1 – 33.

［8］ Morgan J P, Reston T J, Ranero C R, 2004. Contemporaneous mass extinctions, continental flood basalts, and 'impact signals': are mantle plume – induced lithospheric gas explosions the causal link[J]. Earth and Planetary Science Letters. 217: 263 – 284.

［9］ 徐义刚, 王焰, 位荀, 等, 2013. 与地幔柱有关的成矿作用及其主控因素[J]. 岩石学报, 29(10): 3307 – 3322.

［10］ Xu Y G, Wang C Y, Shen S Z, 2014. Permian large igneous provinces: Characteristics, mineralization and paleo – environment effects[J]. Lithos, 204: 1 – 3.

［11］ Hawkesworth C, Cawood P, Dhuime B, 2013. Continental growth and the crustal record[J]. Tectonophysics, 609: 651 – 660.

［12］ 陈赟, 王振华, 郭希, 等, 2017. 古地幔柱作用"遗迹"的深部地球物理探测——以峨眉山大火成岩省为例[J]. 矿物岩石地球化学通报, 36(3): 394 – 403.

［13］ Julià J, Ammon C J, Herrmann R B, et al., 2000. Joint inversion of receiver function and surface wave dispersion observations[J]. Geophysical Journal International, 143: 99 – 112.

［14］ Julià J, Jagadeesh S, Rai S S, et al., 2009. Deep crustal structure of the Indian shield from joint inversion of P wave receiver functions and Rayleigh wave group velocities: Implicationsfor Precambrian crustal evolution[J]. Journal of Geophysical Research, 114(114): 93 – 101.

［15］ 胡家富, 朱雄关, 夏静瑜, 等, 2005. 利用面波和接收函数联合反演滇西地区壳幔速度结构[J]. 地球物理学报, 48(5): 1069 – 1076.

［16］徐义刚，何斌，罗震宇，等，2013. 我国大火成岩省和地幔柱研究进展与展望［J］. 矿物岩石地球化学通报，32（1）：25 － 39.

［17］徐义刚，钟孙霖，2001. 峨眉山大火成岩省：地幔柱活动的证据及其熔融条件［J］. 地球化学，30：1 － 9.

［18］Xu Y G, Chung S L, Jahn B M, et al. , 2001. Petrologic and geochemical constraints on the petrogenesis of Permian‐Triassic Emeishan flood basalts in southwestern China［J］. Lithos, 58：145 － 168.

［19］Xu Y G, He B, Chung S L, et al. , 2004. Geologic, geochemical, and geophysical consequences of plume involvement in the Emeishan flood‐basalt province［J］. Geology, 32（10）：917 － 920.

［20］Xu Y G, He B, 2007. Thick, high‐velocity crust in the Emeishan large igneous province, southwestern China：Evidence for crustal growth by magmatic underplating or intraplating［J］. GSA Special Papers, 430：841 － 858.

［21］He B, Xu Y G, Chung S L, et al. , 2003. Sedimentary evidence for a rapid, kilometer‐scale crustal doming prior to the eruption of the Emeishan flood basalts［J］. Earth and Planetary Science Letters, 213（3）：391 － 405.

［22］张招崇，2009. 关于峨眉山大火成岩省一些重要问题的讨论［J］. 中国地质，36（3）：634 － 646.

［23］夏林圻，徐学义，李向民，等，2012. 亚洲3个大火成岩省（峨眉山、西伯利亚、德干）对比研究［J］. 西北地质，45（2）：1 － 26.

［24］Chung S L, Jahn B M, 1995. Plume‐lithosphere interaction in generation of the Emeishan flood basalts at the Permian‐Triassic boundary［J］. Geology, 23（10）：889 － 892.

［25］Zhong Y T, He B, Mundil R, et al. , 2014. CA‐TIMS zircon U‐Pb dating of felsic ignimbrite from the Binchuan section：Implications for the termination age of Emeishan large igneous province［J］. Lithos, 204：14 － 19.

［26］Haag M, Heller F, 1991. Late Permian to Early Triassic Magnetostratigraphy［J］. Earth and Planetary Science Letters, 107：42 － 54.

［27］Erwin D H, 1993. The Great Paleozoic Crisis：Life and Death in the Permian［M］. Columbia University Press, New York. pp 327.

［28］Stanley S M, Yang X, 1994. A double mass extinction at the end of the Paleozoic Era［J］. Science, 266：1340 － 1344

［29］Wignall P B, Twitchett R J, 1996. Oceanic anoxia and the end Permian mass extinction［J］. Science, 272：1155 － 1158.

［30］Wignall P B, Sun Y D, Bond D P G, et al. , 2009. Volcanism, mass extinction, and carbon isotope fluctuations in the middle Permian of China［J］. Science, 324：1179 － 1182

［31］Knoll A H, Bambach R K, Canfield D E, et al. , 1996. Comparative earth history and Late Permian mass extinction［J］. Science, 273：452 － 457.

［32］Wang X D, Sugiyama T, 2000. Diversity and extinction patterns of Permian coral faunas of

China[J]. Lethaia, 33: 285 – 294.

[33] Zhou M F, Malpas J, Song X Y, et al. , 2002. A temporal link between the Emeishan large igneous province (SW China) and the end – Guadalupian mass extinction[J]. Earth and Planetary Science Letters, 196: 113 – 122.

[34] Foster C B, Afonin S A, 2005. Abnormal pollen grains: an outcome of deteriorating atmospheric conditions around the Permian – Triassic boundary[J]. Journal of Geological Society, 162: 653 – 659.

[35] Isozaki Y, Shimizu N, Yao J, et al. , 2007. End – Permian extinction and volcanism – induced environmental stress: The Permian – Triassic boundary interval of lower – slope facies at Chaotian, South China[J]. Palaeogeography. Palaeoclimatology. Palaeoecology. 252: 218 – 238.

[36] Heydari E, Arzanib N, Hassanzadeh J, 2008. Mantle plume: The invisible serial killer – Application to the Permian – Triassic boundary mass extinction[J]. Palaeogeo. Palaeoclimat. Palaeoeco. 264: 147 – 162.

[37] Ali J R, Thompson G M, Zhou M F, et al. , 2005. Emeishan large igneous province, SW China [J]. Lithos, 79: 475 – 489.

[38] Wang C Y, Zhou M F, Zhao D G, 2005. Mineral chemistry of chromite from the Permian Jinbaoshan Pt – PD – sulphide – bearing ultramafic intrusion in SW China with petrogenetic implications[J]. Lithos, 83: 47 – 66.

[39] Zhou M F, Arndt N T, Malpas J, et al. , 2008. Two magma series and associated ore deposit types in the Permian Emeishan large igneous province, SW China[J]. Lithos, 103: 352 – 368.

[40] 郑文勤, 邓宇峰, 宋谢炎, 等, 2014. 攀枝花岩体钛铁矿成分特征及其成因意义[J]. 岩石学报, 30(5): 1432 – 1142.

[41] Wilson J T, 1963. A possible orgin of the Hawaiian islands[J]. Canadian Journal of Physics, 41(6): 863 – 870.

[42] Morgan W J, 1971. Convection plumes in the lower mantle[J]. Nature, 230: 42 – 43.

[43] Morgan W J, 1972. Plate Motions and Deep Mantle Convection[J]. Nature, 132(11): 7 – 22.

[44] White R, McKenzie D, 1989. Magmatism at rift zones: The generation of volcanic continental margins and flood basalts[J]. Journal of Geophysical Research, 94(B6): 7685 – 7729.

[45] Campbell I H, Griffiths R W, 1990. Implications of mantle plume structure for the evolution of flood basalts[J]. Earth and Planetary Science Letters, 99(1): 79 – 93.

[46] Griffiths R W, Campbell I H, 1990. Stirring and structure in mantle starting plumes[J]. Earth and Planetary Science Letters, 99: 79 – 93.

[47] Farnetani C G, Richards M A, 1994. Numerical investigations of the mantle plume initiation model for flood basalt events[J]. Journal of Geophysical Research, 99(B7): 13813 – 13833.

[48] Maruyama S, 1994. Plume tectonics[J]. Journal of Geological Society of Japan, 100: 24 – 49.

[49] Zhao D P, 2001. Seismic structure and origin of hotspots and mantle plumes[J]. Earth and Planetary Science Letters, 192: 251 – 265.

[50] Montelli R, Nolet G, Dahlen F A, et al. , 2004. Finite frequency tomography reveals a variety of plumes in the mantle[J]. Science, 303: 338 – 343.

[51] Zhang Z, Mahoney J J, Mao J, et al. , 2006. Geochemistry of Picritic and Associated Basalt Flows of the Western Emeishan Flood Basalt Province, China[J]. Acta Petrologica Sinica, 22 (6): 1997 – 2019.

[52] Hanski E, Kamenetsky V S, Luo Z Y, et al. , 2010. Primitive magmas in the Emeishan Large Igneous Province, southwestern China and northern Vietnam[J]. Lithos, 119(1 – 2): 75 – 90.

[53] 李宏博, 张招崇, 吕林素, 2010. 峨眉山大火成岩省基性墙群几何学研究及对地幔柱中心的指示意义[J]. 岩石学报, 26(10): 3143 – 3152.

[54] Xu Y G, He B, Huang X L, et al. , 2007. Identification of mantle plumes in the Emeishan Large Igneous Province[J]. Episodes, 30: 32 – 42.

[55] 徐义刚, 何斌, 黄小龙, 等, 2007. 地幔柱大辩论及如何验证地幔柱假说[J]. 地学前缘, 14(2): 001 – 009.

[56] Armijo R, Tapponnier P, Han T L, 1989. Late Cenozoic right – lateral strike – slip faulting in southern Tibet[J]. Journal of Geophysical Research, 94(B3): 2787 – 2838.

[57] 乔学军, 王琪, 杜瑞林, 2004. 川滇地区活动地块现今地壳形变特征[J]. 地球物理学报, 47: 805 – 811.

[58] Wang C Y, Zhou M F, Qi L, 2007. Permian flood basalts and mafic intrusions in the Jinping (SW China) – Song Da (northern Vietnam) district: Mantle sources, crustal contamination andsulfide segregation[J]. Chemical Geology, 243(3 – 4): 317 – 343.

[59] Tapponnier P, Lacassin R, Leloup P H, et al. , 1990. The Ailao Shan/Red River metamorphic belt: Tertiary left – lateral shear between Indochina and South China[J]. Nature, 343(6257): 431 – 437.

[60] Chung S L, Lee T Y, Lo C H, et al. , 1997. Intraplate extension prior to continental extrusion along the Ailao Shan – Red River shear zone[J]. Geology, 25(4): 311 – 314.

[61] 马杏垣, 1989. 中国岩石圈动力学地图集[M]. 北京: 地图出版社.

[62] 李国和, 王思敬, 尚彦军, 等, 2000. 川滇交界地区地壳构造及现代地壳活动模式[J]. 地质力学学报, 6(2): 82 – 91.

[63] 丁国瑜, 1993. 活动断层分段原则、方法及应用[M]. 北京: 地震出版社.

[64] 陈智梁, 沈凤, 刘宇平, 等, 1998. 青藏高原东部地壳运动的 GPS 测量[J]. 中国地质, 5 (252): 32 – 35.

[65] 张培震, 邓起东, 张国民, 等, 2003. 中国大陆的强震活动与活动地块[J]. 中国科学: 地球科学, 33(S1): 12 – 20.

[66] Shen Z K, Lv J N, Wang M, et al. , 2005. Contemporary crustal deformation around the southeast borderland of the Tibetan Platea[J]. Journal of Geophysical Research Solid Earth, 110(B11): 1 – 17.

[67] 徐锡伟, 程国良, 于贵华, 等, 2003. 川滇菱形块体顺时针转动的构造学与古地磁学证据

[J]. 地震地质, 25(1): 61-70.

[68] 张进江, 钟大赉, 桑海清, 等, 2006. 哀牢山-红河构造带古新世以来多期活动的构造和年代学证据[J]. 地质科学, 41(2): 291-310.

[69] 何宏林, 方仲景, 李坪, 1993. 小江断裂带西支断裂南段新活动初探[J]. 地震研究, 16: 291-298.

[70] 俞维贤, 刘玉权, 1997. 云南小江断裂带现今地壳形变特征与地震[J]. 地震地质, 19: 17-21.

[71] Allen C R, Luo Z, Qian H, et al., 1991. Field study of a highly active fault zone: The Xianshuihe fault of southwestern China[J]. Geological Society of America Bulletin, 103(9): 1178-1199.

[72] 贾东, 孙圣思, 胡潜伟, 等, 2006. 鲜水河断裂同构造花岗岩的流体包裹体面(FIP)研究[C]. 全国岩石学与地球动力学研讨会.

[73] 徐天德, 2009. 鲜水河断裂带研究进展[J]. 四川地质学报, 29(s2): 65-69.

[74] 王二七, 孟庆任, 陈智梁, 等, 2001. 龙门山断裂带印支期左旋走滑运动及其大地构造成因[J]. 地学前缘, 2: 375-384.

[75] 徐锡伟, 闻学泽, 郑荣章, 等, 2005. 川滇地区活动块体最新构造变动样式及其动力来源[J]. 中国科学: 地球科学, 33(S1): 151-162.

[76] 向宏发, 徐锡伟, 虢顺民, 等, 2002. 丽江—小金河断裂第四纪以来的左旋逆推运动及其构造地质意义——陆内活动地块横向构造的屏蔽作用[J]. 地震地质, 24: 188-198.

[77] 王刚, 王二七, 2005. 挤压造山带中的伸展构造及其成因——以滇中地区晚新生代构造为例[J]. 地震地质, 27(2): 188-199.

[78] 何宏林, 池田安隆, 2007. 安宁河断裂带晚第四纪运动特征及模式的讨论[J]. 地震学报, 29: 537-548.

[79] 卢海峰, 王瑞, 赵俊香, 等, 2009. 元谋断裂晚第四纪活动特征及其构造应力分析[J]. 第四纪研究, 29(1): 173-182.

[80] 阚荣举, 林中洋, 1986. 云南地壳上地幔构造的初步研究[J]. 中国地震, 4: 52-63.

[81] 王尚彦, 张慧, 王天华, 等, 2006. 黔西水城—紫云地区晚古生代裂陷槽盆充填和演化[J]. 地质通报, 25(3): 402-407.

[82] Yin A, Harrison T M, 2000. Geologic evolutionof the Himalayan-Tibetan orogen[J]. Annual Review of Earth and Plantary Sciences, 28: 211-280.

[83] Tapponnier P, Xu Z, Roger F, et al., 2001. Oblique stepwise rise and growth of the Tibet plateau[J]. Science, 294: 1671-1677.

[84] Tapponnier P, Molnar P, 1976. Slip-rate field theory and large-scale continental tectonics[J]. Nature, 264: 319-324.

[85] Tapponnier P, Peltzer G, et al., 1982. Propagating extrusion tectonics in Asia: New insights from simple experiments with plasticine[J]. Geology, 10: 611-161.

[86] Avouac J P, 1993. Analysis of scarp profiles: Evaluation of errors in morphologic dating[J]. Journal of Geophysical Research Atmospheres, 98(B4): 6745-6754.

[87] Shen F, Royden L H, Burchfiel B C, 2001. Large – scale crustal deformation of the Tibetan Plateau[J]. Journal of Geological Research, 106(B4): 6793 – 6816.

[88] Royden L H, Burchfiel B C, King R W, et al. , 1997. Surface Deformation and lower Crustal Flow in Eastern Tibet[J]. Science, 276: 788 – 790.

[89] Clark M K, Royden L H, 2000. Topographic ooze: Building the eastern margin of Tibet by lower crustal flow[J]. Geology, 28(8): 703 – 706.

[90] Clark M K, Schoenbohm L M, Royden L H, et al. , 2004. Surface uplift, tectonics, and erosion of eastern Tibet from large - scale drainage patterns[J]. Tectonics, 23(1): TC1006.

[91] Clark M K, Bush J W M, Royden L H, 2005. Dynamic topography produced by lower crustalflow against rtheological strength heterogeneities bordering the Tibetan Plateau [ J ]. Geophysical Journal International, 162: 575 – 590.

[92] Kirby E, Reiners P W, Krol M A, et al. , 2002. Late Cenozoic evolution of the eastern margin of the Tibetan Plateau: Inferences from 40Ar/39Ar and ( U – Th)/He thermochronology[J]. Tectonics, 21(1): 1 – 20.

[93] Schoenbohm L M, Burchfiel B C, Liangzhong C, 2006. Propagation of surface uplift, lower crustal flow, and Cenozoic tectonics of the southeast margin of the Tibetan Plateau [ J ]. Geology, 34(10): 813 – 816.

[94] 徐涛, 张忠杰, 刘宝峰, 等, 2015. 峨眉山大火成岩省地壳速度结构与古地幔柱活动遗迹: 来自丽江—清镇宽角地震资料的约束[J]. 中国科学: 地球科学, 45(5): 561 – 576

[95] Wolfe C, Bjarnason I, Vandecar J C, et al. , 1997. Seismic structure of the Iceland mantle plume[J]. Nature, 385: 245 – 247.

[96] Shen Y, Solomon S C, Bjarnason I T, et al. , 1998. Seismic evidence for a lower – mantle origin of the Iceland plume[J]. Nature, 395: 62 – 65.

[97] Nataf H C. Seismic imaging of mantle plumes, 2000. Annual Review of Earth and Planetary [J]. Science, 28: 391 – 417.

[98] Christiansen R L, Foulger G, Evans J R, 2002. Upper mantle origin of the Yellowstone hotspot [J]. Bulletin of the Geological Society of America, 114: 1245 – 1256.

[99] Lei J S, Zhao D P, 2006. A new insight into the Hawaiian plume[J]. Earth and Planetary Science Letters, 241: 438 – 453.

[100] Anderson D L, 2003. Look Again[J]. Astronomy & Geophysics. 44(1): 10 – 11.

[101] French S W, Romanowicz B, 2015. Broad plumes rooted at the base of the Earth's mantle beneath major hotspots[J]. Nature, 525: 95 – 99.

[102] Hand E, 2015. Mantle plumes seen rising from Earth's core[J]. Science, 349(6252): 1032 – 1033.

[103] Bryan S E, Riley T R, Jerram D A, et al. , 2002. Silicic volcanism: An undervalued component of large igneous provinces and volcanic rifted margins, in Menzies, M. A. , Klemperer, S L, Ebinger C J, Baker J, eds. , Volcanic Rifted Margins: Boulder, Colorado, Geological Society of America Special Paper, 362: 99 – 120.

［104］Torsvik T H, van der Voo R, Doubrovine P V, et al., 2014. Deep mantle structure as a reference frame for movements in and on the Earth［J］. Proceeding of the National Academy of Sciences of the United States of America, 111(24): 8735 – 8740.

［105］Sun S S, 1989. Growth of lithospheric mantle［J］. Nature, 340: 509 – 510.

［106］Rudnick R, 1990. Growing from below［J］. Nature, 347: 711 – 712.

［107］Cox K, 1993. Continental magmatic underplating. Philosophical Transactions of the Royal Society of London［J］. Series A: Physical and Engineering Sciences, 342(1663): 155 – 166.

［108］Thybo H, Artemieva I M, 2013. Moho and magmatic Underplating in continental lithosphere ［J］. Tectonophysics, 609: 605 – 619.

［109］滕吉文, 1988. 攀西古裂谷构造带"复苏"的地球物理判据［J］. 中国科学: 化学生物学农学医学地学, 2: 83 – 91.

［110］熊绍柏, 郑晔, 尹周勋, 等, 1993. 丽江—攀枝花—者海地带二维地壳结构及其构造意义. 地球物理学报, 36: 434 – 444.

［111］崔作舟, 卢德源, 陈纪平, 等, 1987. 攀西地区的深部地壳结构与构造［J］. 地球物理学报, 30(6): 566 – 580.

［112］刘建华, 刘福田, 2000. 攀西古裂谷的地震成像研究——壳幔构造特征及其演化推断 ［J］. 中国科学: D辑, 30(B12): 9 – 15.

［113］孔祥儒, 刘士杰, 窦秦川, 等, 1987. 攀西地区地壳和上地幔中的电性结构［J］. 地球物理学报, 2: 31 – 38.

［114］徐义刚, 钟玉婷, 位荀, 等, 2017. 二叠纪地幔柱与地表系统演变［J］. 矿物岩石地球化学通报, 36(3): 359 – 373.

［115］Chen Y, Xu Y G, Xu T, et al., 2015. Magmatic underplating and crustal growth in the Emeishan Large Igneous Province, SW China, revealed by a passive seismic experiment［J］. Earth and Planetary Science Letters, 432: 103 – 114.

［116］Deng Y F, Zhang Z J, Mooney W, et al., 2014. Mantle origin of the Emeishan large igneous province (South China) from the analysis of residual gravity anomalies［J］. Lithos, 204: 4 – 13.

［117］Deng Y F, Chen Y, Wang P, et al., 2016. Magmatic underplating beneath the Emeishan large igneous province (South China) revealed by the COMGRA – ELIP experiment［J］. Tectonophysics, 672 – 673: 16 – 23.

［118］Wu J, Zhang Z J, 2012. Spatial distribution of seismic layer, crustal thickness, and Vp/Vs ratio in the Permian Emeishan Mantle Plume region［J］. Gondwana Research, 22: 127 – 139.

［119］王振华, 陈赟, 陈林, 等, 2018. 岩浆底侵的热 – 流变学效应及对峨眉山大火成岩省的启示［J］. 岩石学报, 34(1): 91 – 102.

［120］Hu J F, Xu X Q, Yang H Y, et al., 2011. S receiver function analysis of the crustal and lithospheric structures beneath eastern Tibet［J］. Earth and Planetary Science Letters, 306(1 – 2): 77 – 85.

［121］Hu J F, Yang H Y, Xu X Q, et al., 2012. Lithospheric structure and crust – mantle decoupling in the southeast edge of the Tibetan Plateau[J]. Gondwana Research, 22(22): 1060 - 1067.

[122] 吴建平, 杨婷, 王未来, 等, 2013. 小江断裂带周边地区三维 P 波速度结构及其构造意义[J]. 地球物理学报, 56(7): 2257 - 2267.

[123] 张智, 陈赟, 李飞, 等, 2008. 利用地震面波频散重建川滇地区壳幔 S 波速度[J]. 地球物理学报, 51(4): 1114 - 1122.

[124] 何正勤, 丁志峰, 叶太兰, 等, 2002. 中国大陆及其邻域的瑞利波群速度分布图象与地壳上地幔速度结构[J]. 地震学报, 24(3): 252 - 259.

[125] Yao H J, Van der Hilst R D, V. de Hoop M, 2006. Surface - wave array tomography in SE Tibet from ambient seismic noise and two - station analysis - I. Phase velocity maps[J]. Geophysical Journal International, 166: 732 - 744.

[126] Yao H J, Beghein C, van der Hilst R D, 2008. Surface wave array tomography in SE Tibet from ambient seismic noise and two - station analysis - II. Crustal and upper - mantle structure[J]. Geophysical Journal International, 173: 205 - 219.

[127] Yang Y J, Ritzwoller M H, Zheng Y, et al., 2012. A synoptic view of the distribution and connectivity of the mid - crustal low velocity zone beneath Tibet[J]. Journal of Geophysical Research Solid Earth, 117(B4): 398 - 399.

[128] Xie J, Ritzwoller M H, Shen W, et al., 2013. Crustal radial anisotropy across Eastern Tibet and the Western Yangtze Craton[J]. Journal of Geophysical Research Solid Earth, 118(8): 4226 - 4252.

[129] Chen M, Huang H, Yao H J, et al., 2014. Low wave speed zones in the crust beneath SE Tibet revealed by ambient noise adjoint tomography[J]. Geophysical Research Letters, 41 (2): 334 - 340.

[130] Li Y H, Pan J T, Wu Q J, et al., 2014. Crustal and uppermost mantle structure of SE Tibetan plateau from Rayleigh - wave group - velocity measurements[J]. Earthquake Science, 27(4): 411 - 419.

[131] 潘佳铁, 李永华, 吴庆举, 等, 2015. 青藏高原东南部地区瑞雷波相速度层析成像[J]. 地球物理学报, 58(11): 3993 - 4006.

[132] 范莉苹, 吴建平, 房立华, 等, 2015. 青藏高原东南缘瑞利波群速度分布特征及其构造意义探讨[J]. 地球物理学报, 58(5): 1555 - 1567.

[133] 黄金莉, 宋晓东, 汪素云, 2003. 川滇地区上地幔顶部 Pn 速度细结构[J]. 中国科学: 地球科学, 33(S1): 144 - 150.

[134] 李飞, 周仕勇, 苏有锦, 等, 2011. 川滇及邻区 Pn 波速度结构和各向异性研究[J]. 地球物理学报, 54(1): 44 - 54.

[135] 黎源, 雷建设, 2012. 青藏高原东缘上地幔顶部 Pn 波速度结构及各向异性研究[J]. 地球物理学报, 55(11): 62 - 62.

[136] 程远志, 汤吉, 陈小斌, 等, 2015. 南北地震带南段川滇黔接壤区电性结构特征和孕震环境[J]. 地球物理学报. 58(11): 3965 - 3981.

［137］申重阳，杨光亮，谈洪波，等，2015. 维西－贵阳剖面重力异常与地壳密度结构特征［J］. 地球物理学报，58(11)：3952－3964.

［138］Bai D H, Unsworth M J, Meju M A, et al. , 2010. Crustal deformation of the eastern Tibetan plateau revealed by magnetotelluric imaging［J］. Nature Geoscience, 3(5)：358－362.

［139］Bao X W, Sun X X, Xu M J, et al. , 2015. Two crustal low－velocity channels beneath SE Tibet revealed by joint inversion of Rayleigh wave dispersion and receiver functions［J］. Earth and Planetary Science Letters, 415：16－24.

［140］Sun X X, Bao X W, Xu M J, et al. , 2014. Crustal structure beneath SE Tibet from joint analysis of receiver functions and Rayleigh wave dispersion［J］. Geophysical Research Letters, 41(5)：1479－1484.

［141］Zhao L F, Xie X B, He J K, et al. , 2013. Crustal flow pattern beneath the Tibetan Plateau constrained by regional Lg－wave Q tomography［J］. Earth and Planetary Science Letters, 383(4)：113－122.

［142］Chen Y, Zhang Z J, Sun C Q, et al. , 2013. Crustal anisotropy from Moho converted Ps wave splitting analysis and geodynamic implications beneath the eastern margin of Tibet and surrounding regions［J］. Gondwana Research, 24：946－957.

［143］王椿镛，常利军，吕智勇，等，2007. 青藏高原东部上地幔各向异性及相关的壳幔耦合型式［J］. 中国科学：地球科学，37(4)：495－503.

［144］常利军，丁志峰，王椿镛，2015. 南北构造带南段上地幔各向异性特征［J］. 地球物理学报，58(11)：4052－4067.

［145］鲁来玉，何正勤，丁志峰，等，2014. 基于背景噪声研究云南地区面波速度非均匀性和方位各向异性［J］. 地球物理学报，57(3)：822－836.

［146］蒙伟娟，陈祖安，白武明，2015. 地幔柱与岩石圈相互作用过程的数值模拟［J］. 地球物理学报，58(2)：495－503.

［147］Bormann P, 2002. IASPEI New Manual of seismological observatory practice (NMSOP)［J］. Geo Forschungs Zentrum Potsdam.

［148］Sheriff R E. Geldart L P, 1995. Exploration seismology［M］. Cambridge university press.

［149］Lowrie W, 2007. Fundamentals of geophysics［M］. Cambridge University Press.

［150］Knopoff L, Mueller S, Pilant W L, 1966. Structure of the crust and upper mantle in the Alps from the phase velocity of Rayleigh Waves［J］. Bulletin of the Seismological Society of America, 56(5)：1009－1044.

［151］Aki K, Richards P G, 1980. Quantitative seismology：Theory and Method［M］. W. H. Freeman.

［152］Weaver R L, 2005. Information from Seismic Noise［J］. Science, 307(5715)：1568－1569.

［153］Shapiro N M, Campillo M, 2004. Emergence of broadband Rayleigh waves from correlations of the ambient seismic noise［J］. Geophysical Research Letters, 31, L07614.

［154］Aki K, 1957. Space and time spectra of stationary stochastic waves, with special reference to microtremors［J］. Bulletin Earthquake Research Institute, 35：415－456.

[155] Claerbout J F, 1968. Synthesis of a layered medium from its acoustic transmission response [J]. Geophysics, 33(2): 264－269.

[156] Duvall T, Jefferies S, Harvey J, et al., 1993. Time distance helioseismology[J]. Nature, 362: 430－432.

[157] Weaver R L, Lobkis O I, 2001. Ultrasonics without a Source: Thermal Fluctuation Correlations at MHz Frequencies[J]. Physical Review Letters, 87(13): 134301.

[158] 庞广华, 张林行, 刘婷婷, 等, 2014. 利用背景噪声研究壳幔结构发展综述[J]. 地球物理学进展. 4: 1518－1525.

[159] 武振波, 2016. 青藏高原东北缘与西缘地壳结构及其对高原生长机制的制约[D]. 北京: 中国科学院地质与地球物理研究所.

[160] Campillo M, Paul A, 2003. Long－Range Correlations in the Diffuse Seismic Coda[J]. Science, 299: 547－549.

[161] Snieder R, 2004. Extracting the Green's function from the correlation of coda waves: A derivation based on stationary phase[J]. Physical Review, 69: 1539－3755.

[162] Shapiro N M, Campillo M, Stehly L, et al., 2005. High－resolution surface－wave tomography from ambient seismic noise[J]. Science, 307(5715): 1615－1618.

[163] Nakahara H, 2006. A systematic study of theoretical relations between spatial correlationand Green's function in one－, two－and three－dimensional random scalar wavefields[J]. Geophysical Journal International, 167(3): 1097－1105.

[164] 房立华, 2009. 华北地区瑞雷波噪声层析成像研究[D]. 北京: 中国地震局地球物理研究所.

[165] Lobkis O I, Weaver R L, 2001. On the emergence of the Green's function in the correlations of a diffuse field[J]. Ultrasonics, 109(1－8): 435－439.

[166] Derode A, Tourin A, Fink M, 2001. Random multiple scattering of ultrasound. II. Is time reversal a self averaging process? [J]. Physical Review E, 64(3): 036606－036618.

[167] Derode A, Larose E, Tanter M, et al., 2003. Recovering the Green's function from field－field correlations in an open scattering medium[J]. The Journal of the Acoustical Society of America, 113(6): 2973－2976.

[168] Wapenaar K, Thorbecke J, Draganov D, 2004. Relations between reflection and transmission responses of three－dimensional in homogeneous media[J]. Geophysical Journal International, 156: 179－194.

[169] Brenguier F, Shapiro N M, Campillo M, et al., 2007. 3－D surface wave tomography of the Piton de la Fournaise volcano using seismic noise correlations[J]. Geophysical Research Letters, 34, L02305.

[170] Yang Y J, Ritzwoller M H, Levshin A L, 2007. Ambient noise Rayleigh wave tomography across Europe[J]. Geophysical Journal International, 168(1): 259－274.

[171] Bensen G D, Ritzwoller M H, Shapiro N M, 2008. Broadband ambient noise surface wave tomography across the United States[J]. Journal of Geophysical Research, 113: B05306.

[172] Zheng S H, Sun X L, Song X D, et al., 2008. Surface wave tomography of China from ambient seismic noise correlation[J]. Geochemistry Geophysics Geosystems, 9(5): 620 –628.

[173] Stehly L, Fry B, Campillo M, et al., 2009. Tomography of the Alpine region from observations of seismic ambient noise[J]. Geophysical Journal International, 178(1): 338 –350.

[174] Nishida K, Montagner J P, Kawakatsu H, 2009. Global Surface Wave Tomography Using Seismic Hum[J]. Science, 326(5949): 112.

[175] Lin F C, Li D, Clayton R W, et al., 2013. High – resolution 3D shallow crustal structure in Long Beach, California: Application of ambient noise tomography on a dense seismic array[J]. Geophysics, 78(4): Q45 – Q56.

[176] Lin F C, Moschetti M P, Ritzwoller M H, 2008. Surface wave tomography of the western United States from ambient seismic noise: Rayleigh and Love wave phase velocity maps[J]. Geophysical Journal International, 173: 281 – 298.

[177] Li H Y, Su W, Wang C Y, et al., 2010. Ambient noise Love wave tomography in the eastern margin of the Tibetan plateau[J]. Tectonophysics, 491(1 – 4): 194 – 204.

[178] 房立华, 吴建平, 王未来, 等, 2013. 华北地区勒夫波噪声层析成像研究[J]. 地球物理学报. 56(7): 2268 – 2279.

[179] Huang H, Yao H J, Van der Hilst R D, 2010. Radial anisotropy in the crust of SE Tibet and SW China from ambient noise interferometry[J]. Geophysical Research Letters, 37(21): 193 –195.

[180] Yang Y J, Zheng Y, Ritzwoller M H, 2009. Surface wave phase velocities and azimuthal anisotropy in Tibet and surrounding regions from ambient noise tomography[C]. AGU Fall Meeting.

[181] Moschetti M P, Ritzwoller M H, Lin F, et al., 2010. Seismic evidence for widespread western – US deep – crustal deformation caused by extension[J]. Nature, 464(7290): 885.

[182] 李皎皎, 2012. 背景噪声和地震面波反演东北地区岩石圈速度结构[D]. 北京: 中国地震局地震预测所.

[183] Ouyang L B, Li H Y, Lv Q T, et al., 2014. Crustal and uppermost mantle velocity structure and its relationship with the formation of ore districts in the Middle – Lower Yangtze River region[J]. Earth and Planetary Science Letters, 408: 378 – 389.

[184] Liu Q Y, van der Hilst R D, Li Y, et al., 2014. Eastward expansion of the Tibetan Plateau by crustal flow and strain partitioning across faults[J]. Nature Geoscience, 7: 361 – 365.

[185] 王琼, 高原, 2012. 噪声层析成像在壳幔结构研究中的现状与展望[J]. 地震, 32(1): 70 – 81.

[186] 郭震, 陈永顺, 殷伟伟, 2015. 背景噪声面波与布格重力异常联合反演: 山西断陷带三维地壳结构[J]. 地球物理学报, 58(3): 821 – 831.

[187] Koper K D, Seats K, Benz H, 2010. On the composition of earth's short – period seismic

noise field[J]. Bulletin of the Seismological Society of America, 100(2): 606 – 617.

[188] Zhang J, Gerstoft P, Shearer P M, 2009. High – frequency P – wave seismic noise driven by ocean winds[J]. Geophysical Research Letters, 36(9): 269 – 277.

[189] Draganov D, Wapenaar K, Thorbecke J, et al., 2007. Retrieving reflection responses by cross – correlating transmission responses from deterministic transient sources: Application to ultrasonic data[J]. Journal of the Acoustical Society of America, 122(5): 172 – 8.

[190] Roux P, Sabra K G, Kuperman W A, 2005. P – waves from cross – correlation of seismic noise [J]. Geophysical Research Letters, 32: L19303.

[191] Zhan Z W, Ni S D, Helmberger D V, et al., 2010. Retrieval of Moho – reflected shear wave arrivals from ambient seismic noise[J]. Geophysical Journal International, 182: 408 – 420.

[192] Poli P, Campillo M, Pedersen H, et al., 2012. Body – Wave Imaging of Earth's Mantle Discontinuities from Ambient Seismic Noise[J]. Science, 338: 1063 – 1065.

[193] Nishida K, 2013. Global propagation of body waves revealed by cross – correlation analysis of seismic hum[J]. Geophysical Research Letters, 40: 1691 – 1696.

[194] Wang T, Song X D, Xia H H, 2015. Equatorial anisotropy in the inner part of Earth's inner core from autocorrelation of earthquake coda[J]. Nature Geoscience, 8(3): 224 – 227.

[195] Kennett B L N, Saygin E, Salmon M, 2015. Stacking autocorrelograms to map Moho depth with high spatial resolution in southeastern Australia[J]. Geophysical Research Letters, 42: 7490 – 7497.

[196] Nakata N, Chang J P, Lawrence J F, et al., 2015. Body wave extraction and tomography at Long Beach, California, with ambient – noise interferometry [J]. Journal of Geophysical Research, 120: 1159 – 1173.

[197] Sens – Schönfelder C, Wegler U, 2006. Passive image interferometry and seasonal variations of seismic velocities at Merapi Volcano, Indonesia [J]. Geophysical Research Letters, 33 (33): L21302.

[198] Brenguier F, Shapiro N M, Campillo M, et al., 2008. Towards forecasting volcanic eruptions using seisrnic noise[J]. Nature Geoscience, 1: 126 – 130.

[199] Chen J H, Froment B, Liu Q Y et al., 2010. Distribution of seismic wave speed changes associated with the 12 May 2008 Mw 7.9 Wenchuan earthquake[J]. Geophysical Research Letters, 37: L18302.

[200] 刘志坤, 黄金莉, 2010. 利用背景噪声互相关研究汶川地震震源区地震波速度变化[J]. 地球物理学报, 53(4): 853 – 863.

[201] Xu Z J, Song X D, 2009. Temporal changes of surface wave velocity associated with major Sumatra earthquakes from ambient noise correlation[J]. Proceedings of the National Academy of Sciences of the United States of America, 106(34): 14207 – 14212.

[202] Taylor D G, Rost S, Houseman G, 2015. Structure of the North Anatolian Fault Zone from the Auto – Correlation of Ambient Seismic Noise Recorded at a Dense Seismometer Array [C]. AGU Fall Meeting. AGU Fall Meeting Abstracts.

[203] Taylor D G, Rost S, Houseman G, 2016. Crustal imaging across the North Anatolian Fault Zone from the auto – correlation of ambient seismic noise[J]. Geophysical Research Letters, 43(6): 1 – 8.

[204] Oren C, Nowack R L, 2017. Seismic body – wave interferometry using noise autocorrelations for crustal structure[J]. Geophysical Journal International, 208(1): 321 – 332.

[205] Bensen G, Ritzwoller M, Barmin M, et al., 2007. Processing seismic ambient noise data to obtain reliable broad – band surface wave dispersion measurements[J]. Geophysical Journal International, 169(3): 1239 – 1260.

[206] 齐诚, 陈棋福, 陈颙, 2007. 利用背景噪声进行地震成像的新方法[J]. 地球物理学进展, 22(3): 771 – 777.

[207] Weaver R L, Lobkis O I, 2004. Diffuse fields in open systems and the emergence of the Green's function[J]. The Journol of the Acoustical Society of America 116: 2731 – 2734.

[208] Sabra K G, Roux P, Kuperman W A, 2005. Arrival time structure of the time averaged ambient noise cross – correlation function in an oceanic waveguide[J]. The Journal of the Acoustical Society of America, 117: 164 – 174.

[209] Roux P, Sabra K G, Kuperman W A, et al., 2005. Ambient noise cross correlation in free space: Theoretical approach[J]. The Journal of the Acoustical Society of America, 117(1): 79 – 84.

[210] Friedrich A, Krüger F, Klinge K, 1998. Ocean generated microseismic noise located with the Gräfenberg array[J]. Journal of Seismology, 2: 47 – 64.

[211] Tanimoto T, 2007. Excitation of microseisms[J]. Geophysical Research Letters, 34: L05308.

[212] Stehly L, Campillo M, Shapiro N M, 2006. A study of the seismic noise from its long – range correlation properties[J]. Journal of Geophysical Research Solid Earth, 111(B10): 5251 – 5252.

[213] Tanimoto T, 2005. The oceanic excitation hypothesis for the continuous oscillations of the Earth [J]. Geophysical Journal International, 160: 276 – 288.

[214] Rhie J, Romanowicz B, 2004. Excitation of Earth's continuous free oscillations by atmosphere – ocean – seafloor[J]. Nature, 431: 552 – 556.

[215] Rhie J, Romanowicz B, 2006. A study of the relation between ocean storms and the Earth's hum[J]. Geochemistry Geophysics Geosystems, 7: Q10004.

[216] 王伟涛, 倪四道, 王宝善, 2011. 地球背景噪声干涉应用研究的新进展[J]. Earthquake Research in China, 27(1): 1 – 13.

[217] Paul A, Campillo M, Margerin L, et al., 2005. Empirical synthesis of time – asymmetrical Green functions from the correlation of coda waves[J]. Journal of Geophysical Research, 110: B08302.

[218] Yang Y J, Ritzwoller M H, 2008. Characteristics of ambient seismic noise as a source for surface wave tomography[J]. Geochemistry Geophysics Geosystems, 9: Q02008.

[219] 鲁来玉, 何正勤, 丁志峰, 等, 2009. 华北科学探测台阵背景噪声特征分析[J]. 地球物

理学报, 52(10): 2566 – 2572.

[220] Larose E, Derode A, Campillo M, et al., 2004. Imaging from one – bit correlations of wideband diffuse wave fields[J]. Journal of Applied Physics, 95: 8393 – 8399.

[221] Shapiro N M, Ritzwoller M H, Bensen G D, 2006. Source location of the 26 sec microseism from cross correlations of ambient seismic noise [J]. Geophysical Research Letters, 33: L18310.

[222] Stein S, Wysession M, 2003. An introduction to seismology, earthquakes, and Earth structures [M]. Blackwell publishing.

[223] 陈赟, 2007. 青藏高原横波速度与各向异性结构及其壳幔形变印迹[D]. 北京: 中国科学院地质与地球物理研究所.

[224] Schwab F, Knopoff L, 1970. Surface – wave dispersion computations[J]. Bulletin of the Seismological Society of America, 60(2): 321 – 344.

[225] Schwab F, Knopoff L, 1972. Fast surface wave and free mode computations[J]. Methods in computational physics, 11: 87 – 180.

[226] Panza G, 1985. Synthetic seismograms: the Rayleigh wave model summation[J]. Journal of Geophysics – Zeitschrift fur Geophysik, 58(1 – 3): 125 – 145.

[227] Ewing M, Press F, 1955. Geophysical contrasts between continents and ocean basins[J]. Geological Society of America Special Papers, 62: 1 – 6.

[228] Sato Y, 1955. Analysis of Dispersed Surface Waves by means of Fourier Transform I[J]. Bull Earthq Res Inst. Tokyo Univ, 33: 33 – 47.

[229] Alexander S S, 1963. Surface wave propagation in the western United States[D]. Dissertation (Ph. D. ), California Institute of Technology.

[230] Pilant W, Knopoff L, 1964. Observations of multiple seismic events[J]. Bulletin of the Seismological Society of America, 54(1): 19 – 39.

[231] Landisman M, Dziewonski A, Sato Y, 1969. Recent improvements in the analysis of surface wave observations[J]. Geophysical Journal International, 17(4): 369 – 403.

[232] Dziewonski A, Bloch S, Landisman M, 1969. A technique for the analysis of transient seismic signals[J]. Bulletin of Seismological Society of America, 59(1): 427 – 444.

[233] Herrin E, Goforth T, 1977. Phase – matched filters: application to the study of Rayleighwaves [J]. Bulletin of the Seismological Society of America, 67(5): 1259 – 1275.

[234] Levshin A, Ratnikova L, Berger J, 1992. Peculiarities of surface – wave propagation across central Eurasia[J]. Bulletin of the Seismological Society of America, 82(6): 2464 – 2493.

[235] Herrmann R B, 2013. Computer Programs in Seismology: An Evolving Tool for Instruction and Research[J]. Seismological Research Letters, 84(6): 1081 – 1088.

[236] 朱良保, 熊安丽, 2007. 面波频散测量的频时分析法[J]. 地震地磁观测与研究, 28(1): 1 – 13.

[237] Phinney R A, 1964. Structure of the Earth's crust from spectral behavior of long – period body waves[J]. Journal of Geophysical Research. 69(14): 2997 – 3107.

［238］Vinnik L, Chevrot S, Montagner J P, 1997. Evidence for a stagnant plume in the transition zone［J］. Geophysical Research Letters, 24(9): 1007 – 1010.

［239］Burdick L J, Langston C A, 1977. Modeling crustal structure through the use of converted phases teleseismic body – wave forms［J］. Bulletin of the Seismological Society of America, 67 (3): 677 – 691.

［240］Langston C A, 1979. Structure under Mount Rainier, Washington, inferred from teleseismic body waves［J］. Journal of Geophysical Research, 84: 4749 – 4762.

［241］Owens T J, Zandt G, Taylor S R, 1984. Seismic evidence for an ancient rift beneath the Cumberland Plateau, Tennessee: a detailed analysis of broadband teleseismic P waveforms ［J］. Journal of Geophysical Research, 89(B9): 7783 – 7795.

［242］陈九辉, 2007. 远震体波接收函数方法: 理论与应用［D］. 北京: 中国地震局地质研究所.

［243］Ammon C J, Randall G E, Zandt G, 1990. On the Nonuniqueness of Receiver Function Inversions［J］. Journal of Geophysical Research, 95(B10): 15303 – 15318.

［244］Randall G E, 1989. Efficient calculation of differential seismograms for lithospheric receiver functions［J］. Geophysical Journal International, 99: 469 – 481.

［245］Shaw P R, Orcut t J A, 1985. Waveform inversion of seismic refraction data and applications to young Pacific crust［J］. Geophys J R Astron Soc. 82: 375 – 414.

［246］Kind R, Kosarev G L, Petersen N V, 1995. Receiver functions at the stations of the German Regional Seismic Network (GRSN)［J］. Geophysical Journal International, 121: 191 – 202.

［247］Park J, Levin V, 2000. Receiver functions from Multiple – Taper Spectral Correlation estimates ［J］. Journal of Geophysical Research. 103: 26899 – 26917.

［248］刘启元, Kind R, 李顺成, 1996. 接收函数复谱比的最大或然性估计及非线性反演［J］. 地球物理学报, 39(4): 500 – 511.

［249］吴庆举, 田小波, 张乃铃, 等, 2003. 用 Wiener 滤波方法提取台站接收函数［J］. 中国地震, 19(1): 41 – 47.

［250］吴庆举, 田小波, 张乃铃, 等, 2003. 计算台站接收函数的最大熵谱反褶积方法［J］. 地震学报, 25(4): 382 – 389.

［251］吴庆举, 李永华, 张瑞青, 等, 2007. 用多道反褶积方法测定台站接收函数［J］. 地球物理学报, 50(3): 791 – 796.

［252］司少坤, 田小波, 张洪双, 等, 2014. 接收函数提取的多正弦窗方法［J］. 地球物理学报, 57(3): 789 – 799.

［253］Yuan X H, Ni J, Kind R, et al. , 1997. Lithospheric and upper mantle structure of southern Tibet from a seismological passive source experiment［J］. Journal of Geophysical Research, 102(B12): 27, 491 – 27, 500.

［254］Dueker K G, Sheehan A F, 1997. Mantle discontinuity structure from midpoint stacks of converted P to S waves across the Yellowstone hotspot track［J］. Journal of Geophysical Research, 102(B4): 8313 – 8327.

［255］ Schimmel M, Paulssen H, 1997. Noise reduction and detection of weak, coherent signals through phase – weighted stacks［J］. Geophysical Journal International, 130: 497 – 505.

［256］ Kosarev G, Kind R, Sobolev S V, et al., 1999. Seismic evidence for a detached Indian lithospheric mantle beneath Tibet［J］. Science, 283: 1306 – 1309.

［257］ Sheehan A F, Shearer P M, Gilbert H J, et al., 2000. Seismic migration processing of P – SV converted phases for mantle discontinuity structure beneath the Snake River Plain, western United States［J］. Journal of Geophysical Research, 105(B8): 19055 – 19065.

［258］ Chen L, Wen L X, Zheng T Y, 2005. A wave equation migration method for receiver function imaging, (Ⅰ)Theory［J］. Journal of Geophysical Research, 110, B11309.

［259］ 吴庆举, 李永华, 张瑞青, 等, 2007. 接收函数的克希霍夫 2D 偏移方法［J］. 地球物理学报, 50(2): 539 – 545.

［260］ Christensen N I, 1996. Poisson's ratio and crustal seismology［J］. Journal of Geophysical Research, 101: 3139 – 3156.

［261］ Zandt G, Ammon C J, 1995. Continental crust composition constrained by measurements of crustal Poisson's ratio［J］. Nature, 374(6518): 152 – 154.

［262］ Zhu L P, Kanamori H, 2000. Moho depth variation in southern California from teleseismic receiver functions［J］. Journal of Geophysical Research, 105(B2): 2969 – 2980.

［263］ Kaviani A, Rümpker G, 2014. Generalization of the H – κ stacking method to anisotropic media［J］. Journal of Geophysical Research, 120: 5135 – 5153.

［264］ Owens T J, Crosson R S, 1988. Shallow structure effects on broadband teleseismic P waveforms［J］. Bulletin of the Seismological Society of America, 78(1): 96 – 108.

［265］ Savage M K, 1998. Lower crustal anisotropy or dipping boundaries: Effects on receiver functions and a case study in New Zealand［J］. Journal of Geophysical Research. 103 (B7): 15069 – 15087.

［266］ 房立华, 吴建平, 2009. 倾斜界面和各向异性介质对接收函数的影响［J］. 地球物理学进展. 24(1): 42 – 50.

［267］ 陈九辉, 刘启元, 2000. 横向非均匀介质远震体波接收函数的波场特征［J］. 地震学报, 22(6): 614 – 621.

［268］ 孙长青, 雷建设, 李聪, 等, 2013. 云南地区地壳各向异性及其动力学意义［J］. 地球物理学报, 56(12): 4095 – 4105.

［269］ Zhang J, Langston C A, 1995. Dipping structure under Dourbes, Belgium, determined by receiver function modeling and inversion［J］. Bulletin of the Seismological Society of America, 85(1): 254 – 268.

［270］ Zhu L P, Owens T J, Randall G E, 1995. Lateral variation in crustal structure of the northern Tibetan Plateau inferred from teleseismic receiver functions［J］. Bulletin of the Seismological Society of America, 85(6): 1531 – 1540.

［271］ Farra V, Vinnik L, 2000. Upper mantle stratification by P and S receiver functions［J］. Geophysical Journal International, 141: 699 – 712.

[272] 徐强, 赵俊猛, 2008. 接收函数方法的研究综述[J]. 地球物理学进展, 23(6): 1709 -1716.

[273] Li X, Kind R, Yuan X H, et al., 2004. Rejuvenation of the lithosphere by the Hawaiian plume[J]. Nature, 427: 827 - 829.

[274] Kumar P, Yuan X, Kosarev G, 2005. The lithosphere – asthenosphere boundary in the Tien Shan – Karakoram region from S receiver functions: Evidence for continental subduciton[J]. Geophysical Research Letters, 32: L07305.

[275] Angus D A, Wilson D C, Sandvol E, et al., 2006. Lithospheric structure of the Arabian and Eurasian collision zone in eastern Turkey from S – wave receiver functions[J]. Geophysical Journal International, 166: 1335 - 1346.

[276] Yuan X H, Kind R, Li X Q, et al., 2006. The S receiver functions: synthetics and data example[J]. Geophysical Journal International, 165: 555 - 564.

[277] Kiselev S, Vinnik L, Oreshin S, et al., 2008. Lithosphere of the Dharwar craton by joint inversion of P and S receiver functions[J]. Geophysical Journal International, 173: 1106 -1118.

[278] Shen X Z, Yuan X H, Liu M, 2015. Is the Asian lithosphere underthrusting beneath northeastern Tibetan Plateau? Insights from seismic receiver functions[J]. Earth and Planetary Science Letters, 428: 172 - 180.

[279] Tseng T L, Chen W P, Nowack R L, 2009. Northward thinning of Tibetan crust revealed by virtual seismic profiles[J]. Geophysical Research Letters, 36(L24304): 1 - 5.

[280] 刘震, 田小波, 朱高华, 等, 2015. SsPmp 震相地壳探测方法[J]. 地球物理学报, 58 (10): 3571 - 3582.

[281] Burdick L J, Helmberger D V, 1974. Time functions appropriate for deep earthquakes[J]. Bulletin of the Seismological Society of America, 64(5): 1419 - 1428.

[282] Helmberger D, Wiggins R A, 1971. Upper mantle structure of midwestern United States[J]. Journal of Geophysical Research, 76(14): 3229 - 3245.

[283] Ligorría J P, Ammon C J, 1999. Iterative deconvolution and receiver – function estimation [J]. Bulletin of Seismological Society of America, 89(5): 1395 - 1400.

[284] Kiknchi M, Kanamori H, 1982. Inversion of complex body waves[J]. Bulletin of the Seismological Society of America 72: 491 - 506.

[285] Sen M K, Stoffa P L, 1991. Nonlinear one – dimensional seismic waveform inversion using simulated annealing[J]. Geophysics, 56(10): 1624 - 1638.

[286] Shibutani T, Sambridge M, Kennett B, 1996. Genetic algorithm inversion for receiver functions with application to crust and uppermost mantle structure beneath Eastern Australia [J]. Geophysical Research Letters. 23(14): 1829 - 1832.

[287] Sambridge M, 1999a. Geophysical inversion with a neighbourhood algorithm – I searching a parameter space[J]. Geophysical Journal International. 138: 479 - 494.

[288] Sambridge M, 1999b. Geophysical inversion with a neighbourhood algorithm – II appraising the

ensemble[J]. Geophysical Journal International. 138: 727 - 746.

[289] 吴庆举，田小波，张乃铃，等，2003c.用小波变换方法反演接收函数[J]. 地震学报，25 (6): 601 - 607.

[290] 王峻，刘启元，2013. P 波和 S 波接收函数的贝叶斯联合反演[J]. 地球物理学报，56 (1): 75 - 84.

[291] Deng Y F, Shen W S, Xu T, et al. , 2015. Crustal layering in northeastern Tibet: a case study based on joint inversion of receiver functions and surface wave dispersion [ J ]. GeophysicalJournal International, 203(1): 692 - 706.

[292] 彭淼，谭捍东，姜枚，等，2012. 利用接收函数和大地电磁数据联合反演南迦巴瓦构造结中部地区壳幔结构[J]. 地球物理学报，55(7): 2281 - 2291.

[293] 吴庆举，曾融生，1998. 用宽频带远震接收函数研究青藏高原的地壳结构[J]. 地球物理学报，41(5): 669 - 679.

[294] Menke W, 1984. Geophysical Data Analysis: Discrete Inverse Theroy[ M ]. Academic Press, Orlandl.

[295] Tarantola A, 1987. Inverse Problem Theory: Methods for Data Fitting and Model Parameter Estimation[ M ]. Elsevier Science, Amsterdam.

[296] Russell D R, 1987. Multi - channel processing of dispersed surface wave[D]. PhD thesis, Saint Louis University, MO.

[297] Yao H J, van der Hilst R D, Montagner J, 2010. Heterogeneity and anisotropy of the lithosphere of SE Tibet from surface wave array tomography [ J ]. Journal of Geophysical Research, 115(115): 55 - 62.

[298] Yang Y J, Zheng Y, Chen J, et al. , 2010. Rayleigh wave phase velocity maps of Tibet and the surrounding regions from ambient seismic noise tomography[J]. Geochemistry Geophysics Geosystems, 11(8): 10 - 1029.

[299] Badal J, Chen Y, Chourak M, et al. , 2013. S - wave velocity images of the Dead Sea Basin provided by ambient seismic noise[J]. Journal of Asian Earth Sciences, 75: 26 - 35.

[300] Laske G, Masters G, Ma Z, et al. , 2013. Update on CRUST1.0 - A 1 - degree global model of Earth's crust[J]. Geophyscial Research Abstracts, 15, Abstract EGU2013 - 2658.

[301] Kennett B L N, Engdahl E R, Buland Rm 1995. Constraints on seismic velocities in the Earth from travel times[J]. Geopysical Journal Interantional, 122: 108 - 124.

[302] Ditmar P G, Yanovskaya T B, 1987. A generalization of the Backus - Gilbert method for estimation of lateral variations of surface wave velocity [ J ]. Izv. AN SSSR, Fiz. Zemli (Physics of the Solid Earth), 6: 30 - 60.

[303] Yanovskay T B, Ditmar P G, 1990. Smoothness criteria in surface wave tomography[ J ]. Geophysical Journal International, 102(1): 63 - 72.

[304] Kennett B L N, Engdahl E R, 1991. Traveltimes for global earthquake location and phase identification[J]. Geophysical Journal International, 105(2): 429 - 465.

[305] Birch F, 1961. The velocity of compressional waves in rocks to 10 kilobars[ J ]. Part 2.

Journal of Geophysical Research, 66（7）: 2199 – 2224.

[306] 刘瑞丰, 高景春, 陈运泰, 等, 2008. 中国数字地震台网的建设与发展[J]. 地震学报, 30(5): 533 – 539.

[307] 潘佳铁, 吴庆举, 李永华, 等, 2011. 华北地区瑞雷面波相速度层析成像[J]. 地球物理学报, 54(1): 67 – 76.

[308] Pasyanos M E, Walter W R, Hazler S E, 2001. A Surface Wave Dispersion Study of the Middle East and North Africa for Monitoring the Comprehensive Nuclear – Test – Ban Treaty[J]. Pure and Applied Geophysics, 158(8): 1445 – 1474.

[309] Cheng C, Chen L, Yao H J, et al. , 2013. Distinct variations of crustal shear wave velocity structure and radial anisotropy beneath the North China Craton and tectonic implications[J]. Gondwana Research, 23(1): 25 – 38.

[310] 欧阳龙斌, 李红谊, 吕庆田, 等, 2015. 长江中下游成矿带及邻区地壳剪切波速度结构和径向各向异性[J]. 地球物理学报, 58(12): 4388 – 4402.

[311] 徐锡伟, 闻学泽, 陈桂华, 等, 2008. 巴颜喀拉地块东部龙日坝断裂带的发现及其大地构造意义[J]. 中国科学: 地球科学, 38(5): 529 – 542.

[312] 郑晨, 丁志峰, 宋晓东, 2016. 利用面波频散与接收函数联合反演青藏高原东南缘地壳上地幔速度结构[J]. 地球物理学报, 59(9): 3223 – 3236.

[313] 秦嘉政, 皇甫岗, 李强, 等, 2000. 腾冲火山及邻区速度结构的三维层析成象[J]. 地震研究, 23(2): 157 – 164.

[314] Sun Y, Niu F L, Liu H F, et al. , 2012. Crustal structure and deformation of the SE Tibetan plateau revealed by receiver function data[J]. Earth and Planetary Science Letters, s349 – 350 (4): 186 – 197.

[315] Hu S B, He L J, Wang J Y, 2000. Heat flow in the continental area of China: a new data set [J]. Earth and Planetary Science Letters, 179: 407 – 419.

[316] 胥颐, 杨晓涛, 刘建华, 2013. 云南地区地壳速度结构的层析成像研究[J]. 地球物理学报, 56(6): 1904 – 1914.

[317] Liu M, Furlong K P, 1994. Intrusion and underplating of mafic magmas: thermal – rheological effects and implications for Tertiary tectonomagmatism in the North American Cordillera[J]. Tectonophysics, 237(3 – 4): 175 – 187.

**图书在版编目（CIP）数据**

峨眉山大火成岩省的地壳结构特征及其动力学意义 /
郭希等著. —长沙：中南大学出版社，2019.12
　　ISBN 978-7-5487-3872-5

　　Ⅰ．①峨… Ⅱ．①郭… Ⅲ．①峨嵋山－火成岩－地幔柱－
地壳构造－地球动力学－研究 Ⅳ．①P588.1

　　中国版本图书馆 CIP 数据核字（2019）第 274910 号

**峨眉山大火成岩省的地壳结构特征及其动力学意义**
EMEISHAN DAHUOCHENGYANSHENG DE DIQIAO JIEGOU TEZHENG JIQI DONGLIXUE YIYI

郭希　张智　陈赟　王敏玲　徐涛　著

| | |
|---|---|
| □责任编辑 | 刘小沛 |
| □责任印制 | 易红卫 |
| □出版发行 | 中南大学出版社 |
| | 社址：长沙市麓山南路　　　　邮编：410083 |
| | 发行科电话：0731-88876770　　传真：0731-88710482 |
| □印　　装 | 长沙印通印刷有限公司 |

| | |
|---|---|
| □开　　本 | 710 mm×1000 mm 1/16　□印张 6.75　□字数 132 千字 |
| □互联网+图书 | 二维码内容　图片 11 个 |
| □版　　次 | 2019 年 12 月第 1 版　□2019 年 12 月第 1 次印刷 |
| □书　　号 | ISBN 978-7-5487-3872-5 |
| □定　　价 | 40.00 元 |